MASCHINENPISTOLEN 1939–1945

ENTWICKLUNG – TYPEN – TECHNIK

MICHAEL HEIDLER

VISIER Motorbuch Verlag

Einbandgestaltung: Frank Zähringer

Bildnachweis: Die zur Illustration dieses Buches verwendeten Aufnahmen stammen – wenn nicht anderes vermerkt ist – vom Verfasser und aus dem VISIER-Archiv.

ISBN: 978-3-613-04186-8

1. Auflage 2019

Sie finden uns im Internet unter www.motorbuch-verlag.de

Lektorat: Martin Gollnick, Sebastian Quillmann
Innengestaltung: Jürgen Knopf, Medien und Printprodukte, 74321 Bietigheim
Druck und Bindung: DZS Grafik , 1210 Ljubljana
Printed in Slovenia

Vorwort

Grabenbesen, Kugelspritze, Gangsterwaffe – die Maschinenpistolen trugen schon so manche Bezeichnung. Anerkennend von denen, die den militärischen Nutzwert erkannten, und verachtend von jenen, die in der Tradition verwurzelt blieben und nicht über den Teller- oder besser gesagt Grabenrand hinausschauen wollten. Als die ersten Maschinenpistolen in den Schützengräben auftauchten, huldigte man in den Armeen der Welt noch dem gezielten Einzelschuss aus weiter Entfernung und dem ruhmvollen Bajonettangriff im Nahkampf oder bei heroischen Kavallerieattacken. Eine automatische Waffe führte in den Köpfen der Militärs nur zu Munitionsverschwendung und einem Verlust alter kämpferischer Tugenden. Erst, als an den Fronten nichts mehr ging und in den Gräben unter hohen Verlusten um wenige Meter Gelände gerungen wurde, setzte ein Umdenken ein. Zwar sehr zögerlich, aber immerhin.
Seither sind über hundert Jahre vergangen. Die Maschinenpistole ist auch heute als Waffe nicht mehr wegzudenken, doch ihre Rolle hat sich im Laufe der Zeit stark verändert. Im Zweiten Weltkrieg erlebte sie ihren Höhepunkt, danach tauchten die Sturmgewehre als Konkurrenz auf. Mit dem technischen Fortschritt wurden diese immer kompakter, waren vielseitiger einsetzbar und auch für kleinere Kaliber eingerichtet. Maschinenpistolen waren nun nicht mehr die Massenwaffe der vorstürmenden Infanterie. Vielmehr prägen sie heute das Bild der Polizei im Kampf gegen den um sich greifenden Terror. Ende des 20. Jahrhunderts eröffneten zudem die PDWs (Personal Defence Weapon) eine völlig neue Entwicklungsepoche. Doch dies alles wird erst Thema eines weiteren Bandes dieser Buchreihe sein.

An dieser Stelle möchte ich noch allen hilfsbereiten Personen und Institutionen danken, die mich bei meiner Arbeit unterstützt haben.
Allen voran Alexander Losert, ein guter Freund und Autorenkollege, dem zudem die Idee zu dieser Buchreihe zu verdanken ist.

Ein besonderer Dank für Fotos und technische Informationen geht an die Herren Alex MacKenzie und Richard Colton vom Springfield Armory Museum NHS, Jonathan Ferguson vom National Firearms Centre Leeds und Jan Skramoušský vom Militärmuseum (VHU) Prag sowie an die Rock Island Auction Company.
Und last but not least an meine Frau Claudia, deren fotografischem Talent (verbunden mit viel Geduld) ich viele hervorragende Fotos zu verdanken habe.

Abbildungen ohne Herkunftsnachweis stammen aus dem Archiv des Autors oder von hilfsbereiten Personen, die nicht namentlich genannt werden möchten.

Michael Heidler
Steinheim, 2018

Inhalt

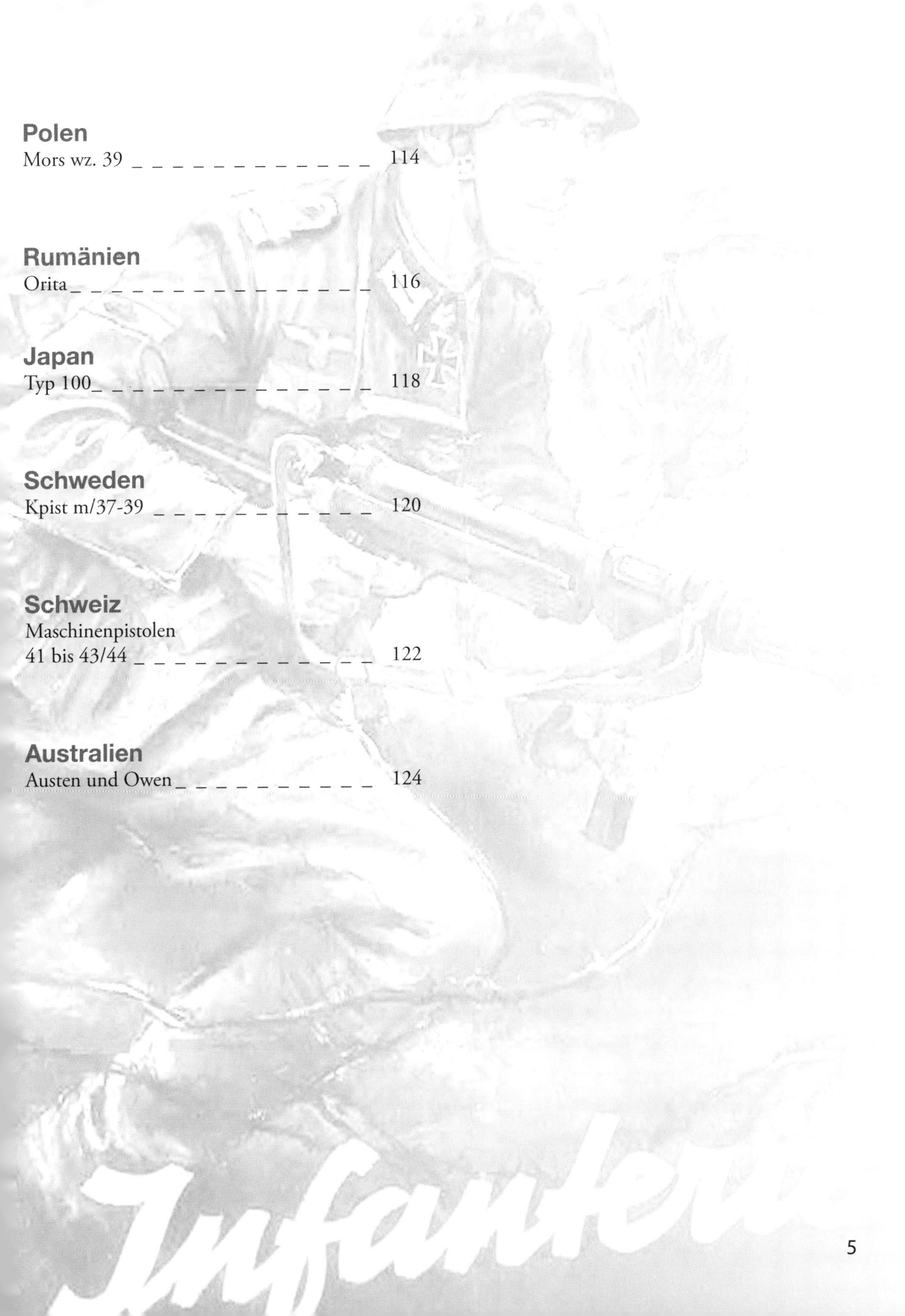

Die Geschichte

Der Erste Weltkrieg hatte die Welt verändert. Nie zuvor wurden in so kurzer Zeit solche großen Fortschritte in der Wehrtechnik erzielt. Statt eines schnellen Sieges erstarrte der Bewegungskrieg und wurde zum Stellungskrieg auf einer fast 700 km langen geschlossenen Front. Im Osten kam der deutsche Vormarsch noch bis Ende 1915 voran, dann gruben sich auch dort die Truppen ein. Von nun an versuchten beide Seiten immer wieder vergeblich, durch verlustreiche Großoffensiven die feindlichen Stellungen zu durchbrechen. In diesem Grabenkrieg lagen sich die Gegner oft nur auf kurze Entfernung gegenüber. Bei den Kämpfen um wenige Meter Geländegewinn und einzelne Gräben konnte die schwere Artillerie meist nicht ohne Gefährdung der eigenen Truppe eingesetzt werden. Immer neuere und effektivere Waffen kamen an die Front, schon bald tauchten auch die ersten Panzer auf den Schlachtfeldern auf. Doch deren Erfolg blieb weit hinter den hochgesteckten Erwartungen zurück.

Allmählich dämmerte es der militärischen Führung auch, dass in dieser festgefahrenen Situation mit infanteristischen Massenangriffen nichts mehr auszurichten war. Eine Anpassung der Angriffstaktik an die neuen Gegebenheiten war dringend nötig. Gut ausgebildete Sturmtruppen sollten nun in überfallartigen Stoßtruppunternehmen einzelne feindliche Stellungen erobern und bis zum Eintreffen von Verstärkung halten können. Die Teilnehmer waren dazu bis an die Zähne bewaffnet mit Karabinern, Pistolen und Handgranaten. Zur Stärkung der Feuerkraft beim Sturmangriff erhielten sie das leichte MG 08/15 mit einem Gewicht von »nur« 19 kg. Es war gerade noch von einem Mann tragbar, aber für einen flexiblen Kampf in den unübersichtlichen und engen Gräben doch eher ungeeignet. Was fehlte, war eine handliche automatische Waffe mit starker Feuerkraft auf kurze Distanz. Versuche mit auf Dauerfeuer umschaltbaren Selbstladepistolen mit hölzernen Anschlagschäften und langen Magazinen, wie etwa die Reihenfeuerpistole von Mauser oder die Steyr M1912/P16, verliefen wenig befriedigend. Sie waren einfach zu leicht und beim Feuerstoß kaum im Ziel zu halten. Doch ein Anfang war immerhin gemacht.

Wer nun die allererste Maschinenpistole in den Einsatz brachte, darüber lässt sich trefflich streiten. Die Italiener überraschten ihre Gegner 1915 mit einer leichten Maschinenwaffe, die aus zwei Systemen mit zwei kurzen Läufen bestand. Sie verschoss mittels von oben eingesteckter Stangenmagazine für je 25 Schuss eine 9-mm-Pistolenpatrone.

Die Mauser-Reihenfeuerpistole war bei Feuerstößen trotz Anschlagschaft nur schwer im Ziel zu halten.

Auch die Österreicher experimentierten mit vollautomatischen Pistolen wie dieser Steyr M1912/P16 mit verlängertem Magazin. [VHU Prag, Foto Bas Martens]

Die ganze Konstruktion wog leer kaum acht Kilo und konnte mit einem Zweibein oder einem Schutzschild ausgestattet werden. Der verzögerte Masseverschluss musste zuerst eine Rotation ausführen und stieß dann nur rund 5 cm zurück, was zu einer extrem hohen Feuerrate von weit über 1.000 Schuss/min für den einzelnen Lauf führte. Diese Pistola mitragliatrice Villar-Perosa modello 1915 mutete zwar an wie ein leichtes Maschinengewehr und wurde auch vorrangig als Defensivwaffe in statischer Position eingesetzt, doch aufgrund der verwendeten Munition würde sie auch als Maschinenpistole durchgehen. Unter Betrachtung der sonstigen technischen und vor allem auch taktischen Gesichtspunkte gilt jedoch die deutsche MP 18,I gemeinhin als die erste serienmäßig gefertigte und eingesetzte Maschinenpistole. Ihre geballte Feuerkraft aus dem 32-Schuss-Trommelmagazin machte sie in Verbindung mit ihrem geringen Gewicht und den handlichen Abmessungen zur idealen Nahkampfwaffe. Sowohl im Angriff als auch in der Verteidigung.

Aus heutiger Sicht kaum nachvollziehbar, hinterließen diese frühen Maschinenpistolen trotz ihrer Erfolge nur wenig nachhaltigen Eindruck. Das Deutsche Reich durfte die MP 18 laut den Bestimmungen des Versailler Vertrags nicht mehr für seine Streitkräfte nutzen. Nur der Polizei wurde sie in geringer Stückzahl zur Sicherung der inneren Ordnung genehmigt. Anbetrachts der auf 115.000 Mann reduzierten Reichswehr, der Abschaffung der allgemeinen Wehrpflicht, des Generalstabes, der Kriegsakademie und aller Militärschulen war an waffentechnische Weiterentwicklungen in Deutschland vorerst eh nicht zu denken. Die Nachkriegsjahre vergingen in Europa ohne besondere Innovationen in Sachen Maschinenpistolen. Hugo Schmeisser überarbeitete die MP 18 geringfügig und schuf so die MP 28. In Finnland tüftelte Aimo Lahti an seiner eigenen Vorstellung einer Maschinenpistole, der späteren Suomi. Im Großen und Ganzen orientierten sich die meisten damaligen Entwürfe an der Vorlage von Bergmann. Radikale Veränderungen oder neue Konzepte sucht man vergebens.

Erst nach Deutschlands Austritt aus dem Völkerbund und der Genfer Abrüstungskonferenz sowie der Wiedereinführung der allgemeinen Wehrpflicht im März 1935 waren die Tage des Versailler Diktats gezählt und die Beschränkungen der Rüstungsindustrie endgültig aufgehoben. Der nun folgende Aufbau der neu geschaffenen Wehrmacht brachte endlich den lang ersehnten Aufschwung und eine breite Förderung vieler Entwicklungen

Übungsschießen mit der MP 18. Neben dem Schützen liegen gefüllte Trommelmagazine bereit.

auf dem Waffensektor. Bislang geheim gehaltene Entwicklungen konnten nun ohne Einschränkungen weitergeführt werden. Nachdem Heinrich Vollmer 1931 seine EMP an die Erfurter Maschinenfabrik (Erma) verkauft hatte, wurde die Waffe dort weiterentwickelt, bis letztendlich die MP 38 entstand. Noch heute steht die von den Alliierten »Schmeisser« genannte Waffe als Sinnbild für den Blitzkrieg – auch wenn sie außer dem Magazin mit Hugo Schmeisser nichts zu tun hat.

Großbritannien erkannte den Nutzwert einer Maschinenpistole erst zu einem Zeitpunkt, als seine Truppen auf dem Festland schon mit dem Rücken zur Wand standen. In der Eile entschied man sich zum Nachbau der deutschen MP 28. Aufwendig zu fertigen, schwer und unhandlich, konnte sie aber keine Dauerlösung sein. Noch während der Fertigung kam eine Konkurrenz ins Spiel: die Sten. Als preiswerte Alternative ging sie in die Massenfertigung und avancierte zu einer der berühmtesten Waffen des Krieges.

Bis dahin musste Großbritannien allerdings einen erheblichen Teil seiner Goldreserven für den Ankauf amerikanischer Thompsons opfern. Sie stand als einzige MP in ausreichenden Mengen zur Verfügung, war aber sehr teuer. Die Geschäfte von Auto Ordnance, dem Hersteller der Thompson, liefen zu dieser Zeit schlecht und man freute sich über das ertragreiche Exportgeschäft zum Abbau der Lagerbestände. Bei Kriegseintritt war die Thompson die Standard-MP der US-Streitkräfte und blieb über mehrere Vereinfachungsstufen bis Herbst 1944 in der Massenfertigung. Abgelöst wurde sie durch eine ziemlich radikal vereinfachte Waffe – die M3 »Grease Gun« (Fettspritze) aus geformtem Blech. Die erwarb sich dank ihrer Zuverlässigkeit schnell einen guten Ruf und erlebte nicht nur den Zweiten Weltkrieg, sondern auch Korea, Vietnam und diverse andere Konflikte. Über 700.000 von ihnen liefen bei amerikanischen Firmen vom Band. China und Argentinien fertigten nach dem Krieg eigene Kopien für ihre Armeen, andere Länder erhielten Waffen aus den USA geliefert und halten sie teils bis heute noch im aktiven Dienst.

Kampfpause in Frankreich. Nur etwa 10.000 Stück der MP 18 erreichten vor Kriegsende noch die Front.

Im Osten ging Russland einen ähnlichen Weg wie die Briten. Waren die frühen Maschinenpistolen noch aufwendig gefertigt, so folgte bald die PPSh 41 mit ihrem Gehäuse aus gebogenem Blech und einfachster Mechanik. Die Waffe mit ihrer charakteristischen Patronentrommel entsprach voll der russischen Einsatztaktik des infanteristischen Massenangriffs. Aufgesessen auf Panzern dem Feind entgegenstürmen und ihn dann mit geballter Feuerkraft auf kurze Distanz überwältigen. Dafür war nicht einmal eine aufwendige Ausbildung notwendig. Später im Krieg kam dann noch die weiter vereinfachte, fast komplett aus Blech gefertigte PPS 43 in den Einsatz.

Auch das Deutsche Reich kam letztendlich bei den »Billig-MPs« an. Anfangs lächelte man noch über die britische Sten als Blechhaufen, aber der Kriegsverlauf liess am Ende auch den Deutschen keine andere Wahl als »Masse statt Klasse«. Aber auch die Volkssturmwaffen konnten das »tausendjährige Reich« nicht mehr retten. Eine Waffe nützt wenig, wenn man nichts zum Schießen hat. Munition wurde zur Mangelware und ein Volkssturmmann bekam oft nicht mehr als eine Handvoll Patronen. Denoch läutete gegen Ende des Krieges eine deutsche Entwicklung ein neues waffentechnisches Zeitalter ein: das Sturmgewehr 44. Zunächst noch als MP 43 bezeichnet, ersetzte es nicht nur den Karabiner, sondern übernahm größtenteils auch die damalige Rolle der Maschinenpistole. Nach dem Krieg entstand weltweit eine Vielzahl an kompakten, einfach zu fertigenden MP-Modellen, doch die Massenangriffe damit waren längst nur noch Geschichte. Zur Hauptkampfwaffe der Infanterie entwickelte sich das Sturmgewehr. Man denke nur an die vielen Varianten des FN FAL in der westlichen Welt oder den Siegeszug der Kalaschnikow rund um den Globus. Die Maschinenpistole spielt heute vor allem bei Sicherheitskräften eine Rolle, bei der Abwehr des weltweiten Terrors oder bei der Bekämpfung schwerkrimineller Banden. Denn ein bisschen blieb die MP auch immer das, was schon die alte Thommy Gun war – eine Gangsterwaffe.

Die Technik

Eine Maschinenpistole ist keine Präzisionswaffe auf große Entfernungen. Vielmehr sollte sie schnell und günstig zu fertigen sein. Dementsprechend einfach ist dann auch das Innenleben konstruiert. Die meisten MPs arbeiten als sogenannte Rückstoßlader: Die beim Abschuss freiwerdende Energie treibt zum einen das Geschoss durch den Lauf und zum anderen den Verschluss *wieder nach hinten*. Für die schwache Pistolenpatrone reicht hierfür ein simpler, einteiliger Masseverschluss völlig aus. Eine Verriegelung ist nicht notwendig. Allein die Masseträgheit des Verschlusskörpers (kraftschlüssige Verriegelung) stützt nach dem Abfeuern die zurücklaufende leere Patronenhülse so lange, bis das Geschoss den Lauf verlassen hat. Erst dann wird sie aus dem Patronenlager gezogen und ausgeworfen. Aufwendige und komplizierte Systeme blieben Randerscheinungen. Je weniger Technik vorhanden ist, desto weniger störanfällig ist eine Waffe im harten Kriegsalltag. Wie wenig man tatsächlich für eine funktionierende MP benötigt, zeigen mitunter die Eigenkreationen kleiner Hinterhofwerkstätten in Bürgerkriegsgebieten.

Bei den Rückstoßladern gilt es zwei Arten zu unterscheiden: zuschießend und aufschießend. Zuschießende Waffen müssen vor dem ersten Schuss ge-

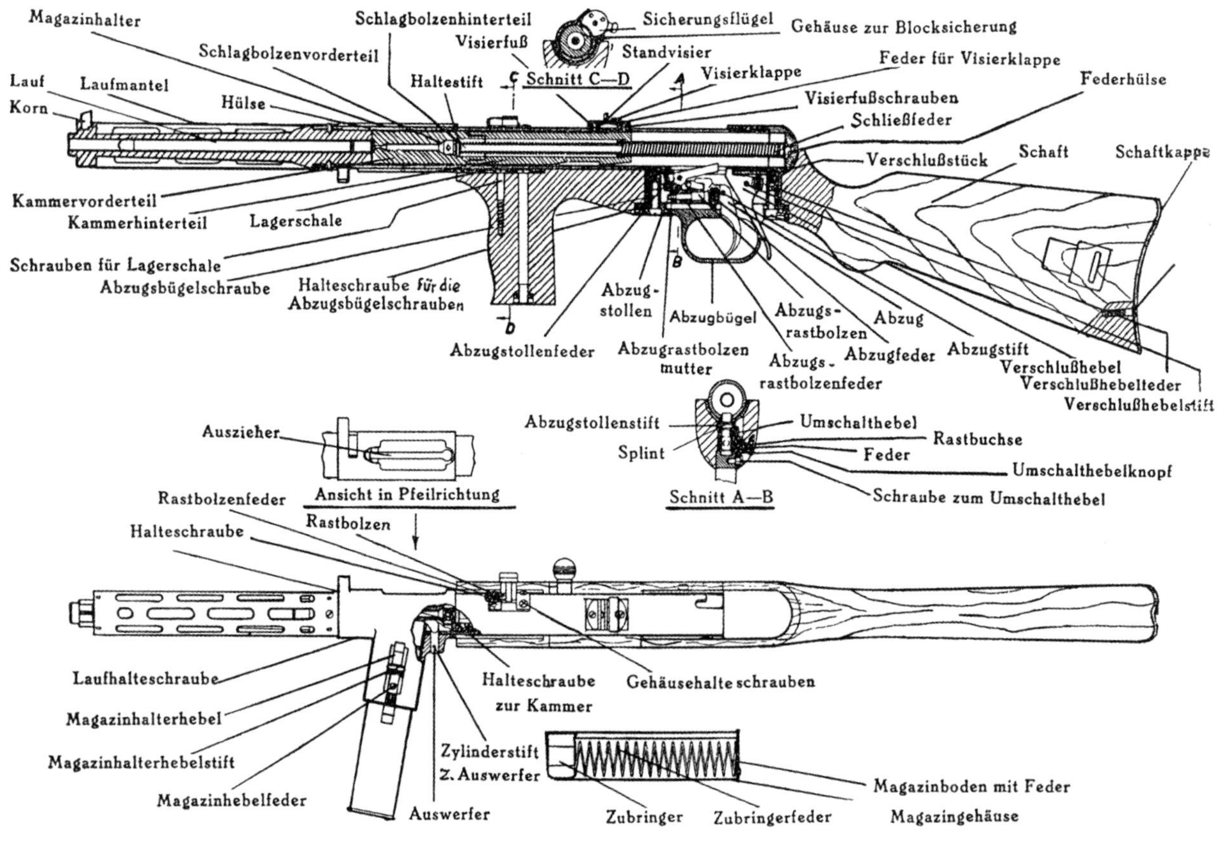

Schnittzeichnung einer Erma EMP aus einer zeitgenössischen Vorschrift.

Ausbildungs-Schnittmodell einer Schweizer MP 43/44. [Festungsmuseum Reuenthal]

spannt werden. Der Verschluss wird von Hand gegen den Druck der Schließfeder in seine hintere Position gezogen und dort von der Abzugsklinke gehalten. Es befindet sich noch keine Patrone im Patronenlager. Beim Abziehen schnellt der Verschluss nach vorne, streift eine Patrone aus dem Magazin und drückt sie in das Patronenlager. In diesem Moment trifft der Schlagbolzen auf das Zündhütchen der Patrone und das Treibladungspulver in der Hülse wird entzündet. Der entstehende Gasdruck breitet sich nach allen Seiten aus. Er drückt das Geschoss in die Züge des Laufs (dadurch erhält das Geschoss seine Rotationsbewegung) und durch den Lauf hindurch. Gleichzeitig presst er die Hülse gegen die Patronenlagerwand und gegen den Stoßboden des Verschlusses. Aufgrund der Masseträgheit bewegt sich der Verschluss erst mit etwas Verzögerung nach hinten. Während dieser Zeit hat das Geschoss den Lauf verlassen und der Gasdruck sinkt. Der Restgasdruck drückt die Hülse aus dem Patronenlager heraus und schiebt dabei auch den Verschluss zurück. Die leere Hülse stößt beim Rücklauf gegen den Auswerfer und wird durch eine Öffnung im Gehäuse hinausgeschleudert. Je nachdem, ob der Schütze den Abzug noch gedrückt hält, wird der Verschluss in seiner hinteren Position wieder gefangen oder er läuft nochmals nach vorne und der Vorgang wiederholt sich. Bei Waffen mit Umschaltmöglicheit auf Einzelfeuer sorgt ein Unterbrecher dafür, dass der Verschluss auch bei gedrücktem Abzug nach jedem Schuss hinten gefangen wird. Erst ein erneuter Druck auf den Abzug gibt den Verschluss wieder frei. Durch die Hülsenauswurföffnung sieht der Schütze, ob sich noch Patronen im Magazin befinden.

Bei *aufschießenden Waffen* hingegen wird der Verschluss nach dem Spannen nicht in seiner hinteren Position gehalten. Er läuft wieder vor und befördert eine Patrone ins Patronenlager. Die Zündung jedoch erfolgt erst beim Abziehen, wenn ein unter Federdruck stehender Schlagbolzen freigegeben wird. Bei manchen Waffen trifft stattdessen ein separates Schlagstück auf einen beweglichen Schlagbolzen und treibt diesen in das Zündhütchen. Dann folgt der bekannte Auswurf- und Ladevorgang. Da sich beim Abziehen kein Verschlussblock nach vorne bewegt, die Waffe also nicht ruckelt, sind aufschießende Waffen wesentlich präziser. Auch sind sie durch die vom Verschluss verdeckte Auswurföffnung besser gegen eindringenden Schmutz geschützt. Erkauft werden diese Vorteile aber mit einer aufwendigeren Mechanik. Der Schütze sieht auch nicht, ob die Waffe geladen ist oder nicht. Zudem kühlen solche Waffe langsamer ab, da wegen

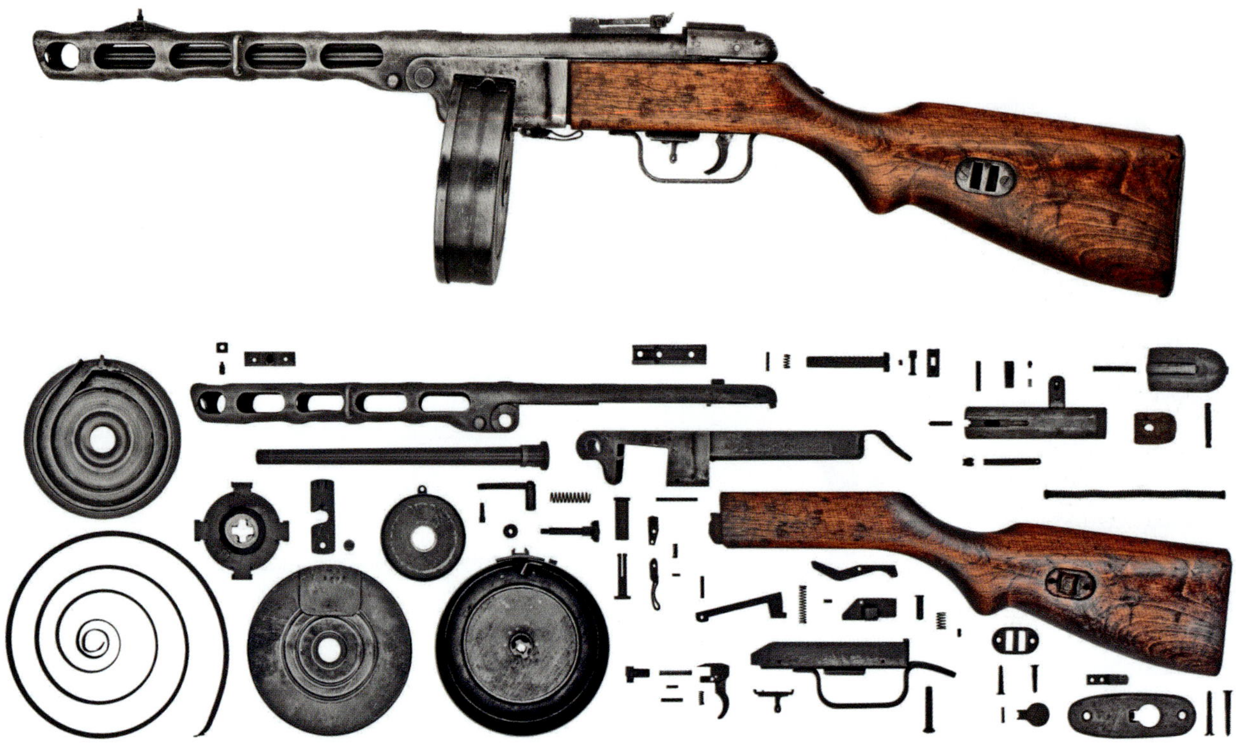

Ihre Fertigung dauerte nur 5,5 Stunden: Die russische PPSh 41 mit Trommelmagazin besteht aus wenigen einfach zu fertigenden Einzelteilen. [Foto: C&Rsenal]

des geschlossenen Verschlusses keine Luft durch den Lauf zirkulieren kann.

Der Verschluss einer einfachen Maschinenpistole ist relativ schwer. Schließlich muss er die Energie beim Abschuss auffangen. Die gebräuchlichste Art ist ein zylindrisches Stück Stahl, vorne mit ausgearbeitetem Stoßboden, feststehender Schlagbolzenspitze und Auszieher und hinten eingerichtet zur Aufnahme der Schließfeder. Eine Gewichtsersparnis bringt erst ein zweigeteilter Verschlusskörper (beweglich abgestützter Masseverschluss). Die Masse verteilt sich dabei auf zwei getrennte Bauteile, wobei die kleinere Masse die größere über ein zwischengeschaltetes Übertragungsglied antreibt. Dieses Glied muss extreme Belastungen aushalten und die gesamte Konstruktion ist aufwendig. Nur wenige MPs, wie beispielsweise die ungarische 39 M, besitzen einen solchen Verschluss.

Die Masse des Verschlusses wiederum beeinflusst die Feuerrate (Kadenz). Sie kann leicht bis zu 800 Schuss pro Minute erreichen. Dieser Wert ist natürlich nur theoretisch möglich, denn vorher ist das Magazin leer. Und genau aus diesem Grund ist die konstruktive Festlegung einer bestimmten Feuerrate sehr wichtig. Ein hoher Munitionsverbrauch ist im Kampf nicht hilfreich. Beeinflussen lässt sich die Kadenz zunächst nur durch das Verschlussgewicht, die Länge des Rücklaufwegs und die Kraft der Schließfeder. Je schwerer der Verschluss bzw. je länger der Weg oder je stärker die Feder, desto langsamer schießt die Waffe. Bei einigen Waffen wie etwa der tschechischen ZK 383 kann der Schütze durch Einsetzen eines Gewichts in den Verschluss die Kadenz senken. Doch je kleiner und kompakter die MP, desto schwieriger wird die Reduzierung. Hier kommen dann zusätzliche Kadenzverzögerer zum Einsatz. Die tschechische Skorpion besitzt beispielsweise einen Schleuderhebel, der auf ein gefedertes Gewicht schlägt, welches wiederum durch eine Klinke gefangen wird. Andere Konstrukteure versuchten sich an einer rotierenden Schwungmasse wie bei der französischen ETVS aus den 30er-Jahren. Ein ähnliches Konzept findet sich auch bei der zusammenklappbaren französischen PM 9. Bei ihr wollte man dadurch gleich zwei Fliegen mit einer Klappe schlagen und die Waffe sehr kurz halten. Das System war jedoch aufwendig und bewährte sich nicht. Erfolgreich dagegen war in jüngerer Zeit

Trommelmagazine sind aufwendig zu füllen und werden deshalb heute nur noch selten verwendet.

Das Füllen eines Suomi-Trommelmagazins im Felde war nicht leicht, wie die bereits umgefallene Patrone zeigt.

Robuste Stangenmagazine für die rumänische Orita im Kaliber 9 x 19 mm.

eine Verschlussform, bei der der Stoßboden weiter zurückgesetzt ist und ein Teil des Verschlusses seitlich am Lauf (meistens darüber) vorbeigeführt wird. Der Verschluss gleicht einem liegenden »L«. Der Vorteil dieser Konstruktion liegt darin, dass nur ein Teil des Verschlusses hinter dem Stoßboden liegt und daher das Gehäuse kürzer gehalten werden kann. Als bekannteste Beispiele seien hier die israelische UZI und die Walther-MP genannt. So einfach die Mechanik einer Maschinenpistole auch ist, die Patronenzufuhr hat schon so manchem Entwickler viel Kopfzerbrechen bereitet. Überraschenderweise ist das Magazin das am schwierigsten zu konstruierende Teil einer MP. Auf den ersten Blick wirkt so ein eckiger Blechkörper mit einer Feder darin ziemlich simpel. Doch es steckt eine Menge Physik darin. Das Magazingehäuse muss robust genug für den harten Kriegseinsatz sein. Dellen oder verbogene Zuführlippen könnten sonst die Patronenzufuhr hemmen. Die Feder darf nicht zu stark sein, sonst lässt sich das Magazin nicht vollständig füllen. Ist sie zu schwach, werden die Patronen nicht richtig zugeführt. Zudem muss die Feder formstabil bleiben und darf nicht brechen, wenn gefüllte Magazine längere Zeit gelagert werden. Dann gibt es noch einreihige und mehrreihige Magazine. Das zweireihige Magazin der MP 40 beispielsweise verjüngt sich oben zu einer zentralen Zuführstelle, in der die erste Patrone liegt. Bei Magazinen ohne diese Verengung gibt es eine rechte und eine linke Zuführstelle. Dementsprechend müssen auch die jeweiligen Verschlüsse angepasst sein. Der größte Feind eines jeden Magazins ist Schmutz. Er sorgt für mehr Reibung an den Innenwänden und im schlimmsten Fall verklemmt sich der Zubringer. Auch bei nur ungünstigem Kraftfluss zwischen Feder, Zubringer und oberster Patrone geht mitunter gar nichts mehr voran. Eingepresste Längsrillen in der Gehäusewandung und besonders geformte Zubringer sorgen dafür, dass möglichst wenig Kontakt zwischen diesen Teilen besteht. Während heute bei den meisten Maschinenpistolen Stangen- oder Kurvenmagazine von unten eingesetzt werden, hatten frühe Modelle wie die deutsche MP 18,I oder die britische Sten seitlich eingesteckte Magazine. Die sind jedoch hinderlich, bleiben gerne an Gegenständen hängen und verleiten den Schützen durch ihr einseitiges Gewicht dazu, seine Waffe beim Schuss zu verkanten. Andererseits führen von unten eingesetzte Magazine dazu, dass sich der Schütze im Liegendanschlag weit aufrichten muss und damit ein größeres Ziel bietet. Einige Konstrukteure verpassten ihren Waffen Trommelmagazine mit größerer Kapazität. Die MP 18,I beispielsweise nutzte das ursprünglich für Selbstladepistolen verwendete Schneckenmagazin mit 32 Schuss. Thompsons berühmte »Thommy Gun« erfreute sich in Gangsterkreisen mit ihrer 100-Schuss-Trommel großer Beliebtheit. Im Zweiten Weltkrieg stürmten die Russen mit einer 71-Schuss-Trommel an ihrer PPSh 41 voran und die Waffen-SS ließ für ihre MP SS 42 eine Trommel für 64 Patronen entwickeln. Doch dieser geballten Feuerkraft steht ein zeitraubender Ladevorgang gegenüber. Die Feder muss gespannt werden (wie ein Uhrwerk), dann wird der Deckel aufgeklappt und die Patronen müssen einzeln eingesetzt werden. In einer kurzen Gefechtspause, womöglich noch bei Nacht, ist das nicht machbar. Da sind schneller ein paar Patronen in ein Stangenmagazin gedrückt. Bei modernen Maschinenpistolen sind Trommelmagazine kaum noch zu finden.

Vergleich der amerikanischen .45 ACP (links) mit der in Europa beliebten Patrone 9 x 19 mm (rechts).

Zu guter Letzt noch ein paar Worte zur Munition. Die Wahl der Patrone ist meistens von der im betreffenden Land üblichen Pistolenmunition abhängig. Weltweit am meisten verbreitet ist die 9 x 19 mm Patrone, auch bekannt als 9 mm Para(bellum) oder Luger. Die Amerikaner hingegen übernahmen die Patrone .45 ACP (Automatic Colt Pistol). Ihr Geschoss ist schwerer und effektiver gegen nahe Ziele (Mann-Stopp-Wirkung), streut aber auf größere Entfernungen deutlich mehr als die 9-mm-Konkurrenz. Und im Osten findet sich die russische 7,62 x 25 mm Tokarev mit ihrer markanten Flaschenhalshülse. Natürlich gab und gibt es auch Maschinenpistolen für andere Kaliber, doch diese führen eher ein Außenseiterdasein. Für besondere Zwecke wird auch spezielle Sondermunition eingesetzt, wie beispielsweise Leuchtspur- oder Schalldämpferpatronen. Zu Ausbildungszwecken existieren Platzpatronen, sowie funktionslose Exerzierpatronen.

Fertigung der Verschlüsse für die MP 40 in Heinrich Vollmers Fabrik in Biberach.

Die Erfinder

Wie wir gesehen haben, ist eine Maschinenpistole vom Grundprinzip her gar nicht so schwer zu bauen. Doch es bedarf viele kluger Köpfe, um daraus Waffen zu formen, die auch unter widrigen Bedingungen zuverlässig funktionieren und für den Schützen sicher zu bedienen sind. Für die Serienfertigung geeignet müssen sie auch sein und wenn möglich noch dem jeweiligen Einsatzzweck anpassbar. Die Entwicklungsgeschichte kennt viele Fehlschläge und Irrwege, aber auch große Würfe und geniale Konstrukteure, die weitere Entwicklungen nachhaltig beeinflussten. Beispielhaft für sie folgen nun die Geschichten zweier bedeutender deutscher Persönlichkeiten auf diesem Gebiet.

Hugo Schmeisser

Hugo Schmeisser dürfte neben Paul Mauser der weltweit wohl bekannteste deutsche Waffenkonstrukteur sein. Im Englischen steht der Name Schmeisser gar als Synonym für deutsche MPs. Schon sein Vater Louis arbeitete als leitender Waffenkonstrukteur in Theodor Bergmanns Fabrik im thüringischen Suhl. Sohn Hugo, geboren im September 1884, begleitete seinen Vater von klein an und lernte das Handwerk somit von Grund auf kennen. 1905 wechselte Vater Louis zu Rheinmetall und Hugo übernahm dessen Stelle bei Bergmann. Nach dem Krieg setzte er die Entwicklung der MP 18 fort, ließ sich den Namen Schmeisser als Warenzeichen eintragen und löste sich beruflich von Bergmann. Über die Lizenzrechte für die MP 18, die er an die belgische Firma Bayard abtrat, war er finanziell erstmal abgesichert. Zusammen mit seinem Bruder Hans trat er 1925 in die C.G. Haenel Waffen- und Fahrradfabrik ein und übernahm die Stelle des technischen Leiters. Seine überarbeitete MP kam als MP 28/II auf den Markt. Der Zweite Weltkrieg sorgte für einen wirtschaftlichen Aufschwung in der Rüstungsindustrie. Doch mit seinen MP-Konstruktionen konnte Schmeisser den Vorzügen der modernen MP 38 bzw. 40 nichts entgegensetzen. Stattdessen widmete er sich einer neuen Art von Waffe, nämlich gasdruckgeladenen Sturmgewehren. Bei den Versuchen konnte sich sein Maschinenkarabiner 42(H) (das H steht für Haenel) gegen die Konkurrenz durchsetzen und schrieb schließlich als Sturmgewehr 44 Geschichte. Mit der MP 40 dagegen hatte Schmeisser nichts mehr zu tun.

Nach dem Krieg lag Thüringen in der sowjetischen Besatzungszone. Schmeisser arbeitete zunächst für die technische Kommission der Roten Armee. Im Herbst 1946 wurde er mit anderen Konstrukteuren nach Ischewsk verfrachtet, um dort sein Fachwissen einzubringen. Er durfte erst 1952 wieder zurückkehren. Am 12. September 1953 erlag Hugo Schmeisser einem Lungenleiden.

Hugo Schmeisser (24.09.1884 – 12.09.1953)

Heinrich Vollmer

Geboren 1885 im schwäbischen Altdorf bei Stuttgart, gründete er im Jahre 1909 im Alter von 24 Jahren einen eigenen Betrieb für Werkzeugmaschinen in Biberach an der Riß. Dort widmete er sich der Entwicklung von Grabenpanzern und ähnlichen Schutzpanzerungen für die Infanterie, jedoch ohne viel Erfolg.

Vollmers nächste Idee war eine gurtlose Patronenzuführung für schwere Maschinengewehre, an welcher er arbeitete, bis ihm der beginnende Erste Weltkrieg dazwischenkam. Er stellte die Arbeit an seinem Projekt ein und meldete sich freiwillig zum Dienst fürs Vaterland – aber er wurde nicht genommen. Stattdessen bekam er von den durch die Kriegslage völlig ausgelasteten Königlichen Gewehrfabriken aus Danzig und Amberg Aufträge zur Fertigung von Mündungsschonern für das Gewehr 98 und Einzelteilen für die Maschinengewehre 08 und 08/15. Gegen Kriegsende waren in seiner Fabrik fast 800 Arbeiter beschäftigt.

Nebenbei arbeitete Vollmer wieder an seiner gurtlosen Patronenzuführung für MGs und entwickelte selber auch komplette Maschinengewehre. Diese fanden zwar Beachtung bei der IWG, aber eingeführt wurde keines. Bedingt durch die Knappheit an Webstoff und diverse Schwierigkeiten mit den Patronengurten im Einsatz war seine Patronenzuführung von großem Interesse für die Spandauer Gewehrprüfungskommission. Vollmer erhielt den Auftrag, seine Vorrichtung an die MGs 08 und 08/15 anzupassen. Alles lief gut und die Zuführung funktionierte zufriedenstellend – doch dann war 1918 der Krieg zu Ende. Die Arbeiten in Vollmers Fabrik mussten eingestellt werden.

Die folgenden Jahre unter dem Versailler Vertrag waren nicht einfach, erst recht nicht für einen Waffenkonstrukteur wie Heinrich Vollmer. Somit stellte seine Firma erstmal auf zivile Produkte um und produzierte wieder Werkzeugmaschinen wie vor dem Krieg. Heimlich jedoch widmete er sich weiterhin der Verbesserung seiner gurtlosen Patronenzuführung, nachdem die Reichswehr weiterhin ihr Interesse bekundete. Nach einigen Tests bei der MG-Reserve-Kompanie in Ulm wurde seine Erfindung am 18. Oktober 1923 für gut befunden und kurz darauf wurden seine diesbezüglichen Patente an das Kriegsministerium übertragen. Zu einer Einführung der Patronenzuführung kam es allerdings nie, da die neue Generation von MGs diese nicht mehr benötigte.

Heinrich Vollmer (26.07.1885 – 01.07.1961)

Ab 1922 befasste sich Heinrich Vollmer auch mit der Konstruktionen eigener Maschinenpistolen. Seine Modelle erreichten zwar bei diversen Tests Achtungserfolge, mehr aber auch nicht. Finanziell angeschlagen durch die hohen Entwicklungskosten und verhältnismäßig wenige Einnahmen, musste er 1931 sein letztes MP-Modell an die Erfurter Maschinenfabrik verkaufen. Es war die später bekannte EMP.

Obwohl Vollmer als Waffenkonstrukteur bislang ziemlich glücklos war, so gab er dennoch nie auf. Anfang Februar 1935 erhielt er eine Anfrage der Berliner Waffen- und Munitionsfabrik Gustav Genschow & Co. (Geco), ob er an der Konstruktion einer *verriegelten Maschinenpistole für eine beson-*

dere Munition interessiert sei. Vollmer sagte zu und begann mit der Entwicklung eines Maschinenkarabiners für die neue Geco-Kurzpatrone im Kaliber 7,75 x 40,5 mm. Nach 4 Monaten lag der »Maschinenkarabiner M 35« vor und nach diversen Verbesserungen bestand das Modell M 35/III zahlreiche Erprobungen mit Bravour. Wieder einmal sah alles gut aus für Heinrich Vollmer, doch dann war plötzlich alles vorbei. Im August 1939 teilte das Heeres-Waffenamt der Firma Genschow lapidar mit, dass es kein Interesse mehr an dieser Waffe habe. Ein Verkauf ins Ausland wurde aus Geheimhaltungsgründen auch gleich verboten. Die von Vollmer mit Genschow ausgehandelten Prämien und Anteile waren nichts mehr wert, denn ohne Serienfertigung keine Erlöse. Somit ging er in dieser Sache fast leer aus. Im Zweiten Weltkrieg wurden von Vollmer Verschlüsse und Kornhalter für die MP 40, Verbindungsstücke für die MP 44 und Kurvenstücke für das MG 42 produziert.
Heinrich Vollmer beteiligte sich nach dem Krieg nie mehr an der Fertigung von Waffen oder Waffenteilen. Auch eine Beteiligung an der Wiederbewaffnung Deutschlands lehnte er ab. Zitat: *»Man sollte nur in einem Land Waffenkonstrukteur und Hersteller von Waffen sein, welches seine Kriege gewinnt.«* 1959 wurde er für das Bundesverdienstkreuz vorgeschlagen, doch auch dies lehnte Vollmer ab. Er verstarb 1961 in Tübingen.

Fertigung von Teilen für die MP 40. Auch bei Vollmer ersetzten Frauen die nach und nach zum Militär eingezogenen Männer.

Vollmers Maschinenkarabiner 35 für die Patrone 7,75 x 40,5 mm.

Auch dem verbesserten M 35/III blieb der Erfolg versagt. Er funktionierte einwandfrei, aber das Militär verlor das Interesse daran.

Das Zubehör

Waren die frühen Maschinenpistolen noch relativ »nackt«, so kam im Laufe der Zeit immer umfangreicheres Zubehör hinzu. Neben obligatorischen Dingen wie einem Trageriemen und Reinigungszeug entstanden Magazintaschen in unterschiedlichen Größen und mit verschiedenen Tragemöglichkeiten, je nach Truppengattung und Verwendungszweck. Dazu oftmals spezielle Magazinlader, die das vollständige Füllen der Magazine von Hand erleichtern. Das reicht von einfachen Haltern zum Ansetzen von Ladestreifen über gefederte Drücker bis hin zu unhandlichen Kurbelapparaten wie bei der rumänischen Orita.

Auch der früher oft gesehene Holzschaft wurde inzwischen fast überall von verstellbaren Schulterstützen aus Metall abgelöst. So lässt sich eine MP kompakt verstauen und bei Bedarf trotzdem als Schulterwaffe für ein gezieltes Schießen verwenden. Es gibt dabei die unterschiedlichsten Variationen: Schubschäfte, die waagerecht ein- und ausgezogen werden (M3 Grease Gun). Klappschäfte, die nach vorne über bzw. unter den Lauf oder seitlich ans Gehäuse geklappt werden (MP 40, PPS 43). Manche dienen in eingeklapptem Zustand als zusätzlicher vorderer Handgriff (Sa vz. 26). Bei der bekannten UZI kann beispielsweise mit wenig Aufwand wahlweise ein Klapp- oder Holzschaft montiert werden.

In manchen Ländern wird die Verwendung eines Bajonetts für notwendig erachtet. Früher viel öfter als heute, doch verschwunden ist das MP-Bajonett noch nicht. Eines der extremen Beispiele von damals ist die britische Lanchester, die mit aufgepflanztem Pattern-1907-Bajonett eine Gesamtlänge von 1,28 Meter erreichte. Der Nutzwert einer MP mit Bajonett im Kampf darf eh bezweifelt werden. Meistens diente die Blankwaffe eher als Werkzeug, zum Stellungsbau oder Dosenöffnen.

Für Einsätze in der Dämmerung sind Leuchtvisiere hilfreich. Die einfachen Exemplare bestehen aus mit fluoreszierender Farbe versehenen Metallklammern, die auf Kimme und Korn geschoben werden und deren Lage somit im Dunkeln noch erkennbar machen. Heutzutage gibt es eine breite Auswahl an elektronischen Zieloptiken, unter anderem auch mit Nachtsichtfunktion.

Nicht gesehen zu werden ist gut – nicht gehört zu werden ist noch besser. Für diesen Zweck gibt es Schalldämpfer. Zahlreiche Maschinenpistolen lassen sich damit ausrüsten. Ein Schalldämpfer reduziert allerdings nur die Schallemission, die von den beim Schuss aus der Laufmündung ausströmenden und unter hohem Druck expandierenden Gasen ausgeht. Die mechanischen Geräusche des automatischen Nachladevorgangs der MP werden nicht gedämpft. Dennoch hilft er, den eigenen Standort zu verschleiern und den Feind zu verwirren. Die Amerikaner hatten unter anderem einen sehr effektiven Schalldämpfer für ihre M3 »Grease Gun« entwickelt, die damit auch noch im Vietnamkrieg zum Einsatz kam. Apropos Grease Gun, für diese Waffe gab es auch noch einen Umbausatz auf das

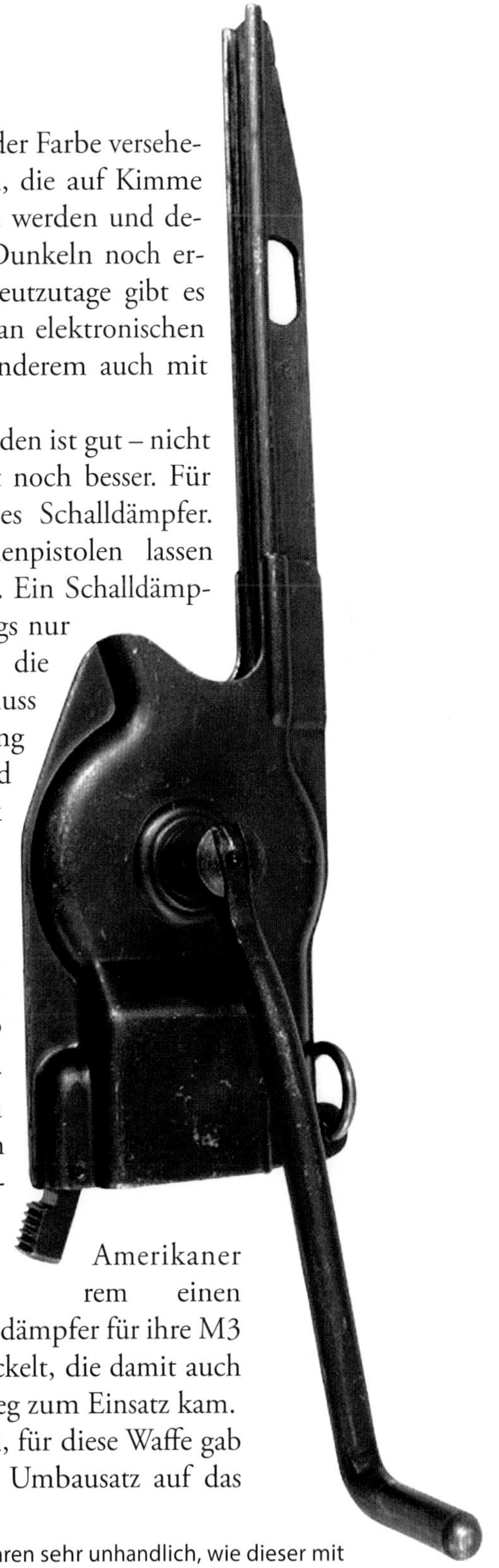

Manche Magazinlader waren sehr unhandlich, wie dieser mit Kurbelmechanismus für die rumänische Orita.

Metallener Klappschaft der russischen PPS 43.

Die Infrarot-Technik steckte Ende des 2. Weltkriegs noch in den Kinderschuhen. Dementsprechend unförmig sah sie auch aus, wie diese amerikanische M3A1 mit Infrarot-Nachtzielhilfe.

Britische Lanchester Mk I* mit aufgepflanztem Bajonett P 1907 und 50-Schuss-Stangenmagazin.

Der amerikanische Nachrichtendienst OSS erhielt M3 »Grease Guns« mit speziellem Schalldämpfer.

Mit diesem »Conversion Kit« ließ sich die M3 auf das Kaliber 9 x 19 mm umrüsten. [Frank Iannamico]

Schachtel mit Platzpatronen für die MP 28/II. Sie wurden aus einem speziellen Lauf verschossen, der den notwendigen Gasdruck für den automatischen Wiederladevorgang gewährleistete. [Dr. Geoffrey Sturgess]

Kaliber 9 mm. Damit ausgerüstet sollte die MP zur Aufrüstung der Partisanen auf dem europäischen Festland verwendet werden. Die passende Munition hätten sie sich bei den Deutschen »besorgen« sollen.

Bei Langwaffen sind Gewehrgranaten eine recht gebräuchliche Sache. Man kann feindliche Soldaten hinter Deckung mit Sprenggranaten bekämpfen oder Hohlladungsgranaten auf Panzer verschießen. Entweder aus einem aufmontierten Abschussbecher auf der Laufmündung oder direkt auf die Mündung gesteckt, werden sie meistens mittels einer Platzpatrone abgeschossen. Der Rückstoß ist selbst bei schweren Langwaffen heftig, ein Abfeuern von der Schulter kann sehr schmerzhaft sein. Trotzdem wurden immer wieder Versuche unternommen, auch mit den leichten Maschinenpistolen derlei Granaten zu verschießen. Die Deutschen versuchten es kurz vor Kriegsende sogar mit der Volkssturm-MP 3008, und bei der Wiederbewaffnung der Bundeswehr versuchte Mauser mit der Gewehrgranat-Abschussoption der MP 60 zu trumpfen.

Für Ausbildungszwecke wird oft mit Platzpatronen geschossen. Die besitzen jedoch nur eine viel schwächere Ladung als normale Gefechtspatronen und auch kein Geschoss, so dass sich der für den automatischen Nachladevorgang notwendige Druck nicht aufbauen kann. Die Gase entweichen durch den Lauf anstatt den Verschluss zurück zu drücken. Um den Gasverlust zu verzögern, gibt es für manche MPs einen extra Platzpatronenlauf mit sehr geringem Innendurchmesser, wie etwa bei der MP 28/II. Andere Waffen bekommen ein sogenanntes Platzpatronengerät auf die Mündung geschraubt, welches den Gasaustritt reguliert. Wichtig ist nur: keine scharfe Gefechtspatrone laden! Denn die sprengt sonst unter Umständen den Lauf. Neben anklemmbaren Säckchen zum Auffangen der leeren Hülsen oder gebogenen Läufen, mit denen man um die Ecke schießen kann, gibt es noch eine Vielzahl an weiterem Zubehör. Doch alles hier aufzuzählen würde den Rahmen dieser Abhandlung sprengen.

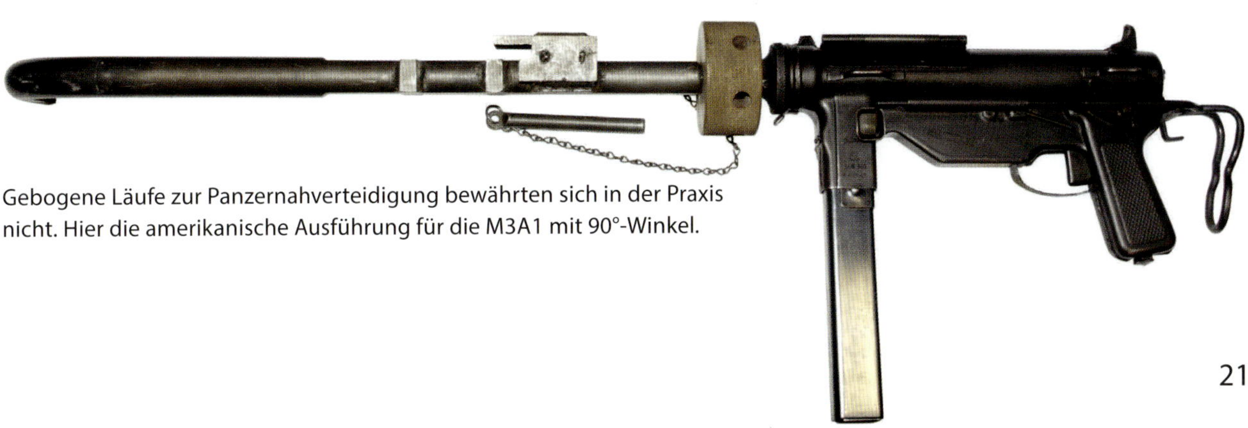

Gebogene Läufe zur Panzernahverteidigung bewährten sich in der Praxis nicht. Hier die amerikanische Ausführung für die M3A1 mit 90°-Winkel.

Maschinenpistolen

Deutschland

MP 18

Unter dem Eindruck der zähen Grabenkämpfe ging man im deutschen Heer energisch an den Aufbau der Sturmtruppen heran. Bereits im Frühjahr 1917 existierten an der Westfront 17 Sturmbataillone einer neuen Elite der Infanterie. Sie sollten mit effektiven Schnellfeuerwaffen ausgestattet werden, möglichst handlich und mit hoher Feuerkraft. Nach den unbefriedigenden Versuchen mit vollautomatischen Pistolen entschied sich die Gewehrprüfungskommission (G.P.K.) für eine Art Karabiner im Pistolenkaliber. Als technischer Leiter für den Waffenbau im Suhler Werk der Firma Theodor Bergmann arbeitete Hugo Schmeisser an einer leichten Automatikwaffe nach Vorstellungen der G.P.K. Bereits 1917 konnte der Kommission ein erster Prototyp vorgeführt werden. Er überzeugte durch Einfachheit und Zuverlässigkeit. Schmeissers Waffe, ein zuschießender Rückstoßlader mit Masseverschluss, verschoss die übliche 9 x 19 mm-Patrone 08 und griff für die Zuführung auf das Trommelmagazin der langen Pistole 08 zurück. Für einen sicheren Halt im Magazinschacht musste zuvor noch eine Manschette aufgeschoben werden.

Das Kernstück der Waffe bildet das in einer Gewehrschäftung eingebettete rohrförmige Verschlussgehäuse, das in einen gelochten Laufmantel übergeht. Das Magazin steckt von der linken Seite in der Waffe, rechts ragt der hakenförmige Spanngriff heraus. Dieser kann in gespanntem Zustand als Sicherung in eine Aussparung im Gehäuse eingehakt werden. Eine andere Sicherungsvorrichtung gibt es nicht. Die Kadenz beträgt etwa 400 bis 450 Schuss/min, die Waffe schießt nur Dauerfeuer. Eine Umschaltung auf Einzelfeuer ist nicht möglich. Auch das Visier wurde dem Einsatzzweck angepasst, es gibt nur Kimmen für zwei Distanzen: 100 und 200 Meter.

Die Armeeführung war begeistert und orderte noch Ende des Jahres 50.000 Stück der nun offiziell »Maschinenpistole 18« genannten Waffe. Jede Infanterie-Kompanie an der Front sollte nun sechs MP-Schützen mitsamt der gleichen Anzahl an Munitionsträgern und drei Handkarren für Patronen und Magazine erhalten. Bemerkenswert ist auch die Wortwahl in den damaligen Dienstanweisungen: Bei »Spritzfeuer« sollte der Schütze nur kurze Feuerstöße abgeben und bei »Mähfeuer« das ganze Magazin auf einmal leeren, so dass sich *»auf 100 m Entfernung ein Gefechtsstreifen von etwa 10 m Breite mit einem für ungepanzerte, lebende Ziele undurchdringlichen Sperrfeuer bedecken lässt.«*

Bis Kriegsende konnten etwa 10.000 Maschinenpistolen an die Front geliefert werden. Zahlreiche MP 18 gingen als Beute an die Sieger. Der Versailler Vertrag verbot der neuen Reichswehr eine Ausrüstung mit der »Kugelspritze«. Nur die Polizei durfte pro 20 Mann ein Exemplar besitzen. Viele Waffen verschwanden in dunklen Kanälen und tauchten später in den Händen der Freikorps wieder auf. Im Zweiten Weltkrieg fand die unverwüstliche MP 18 sogar noch Verwendung bei Wehrmacht und SS.

Technische Daten:	
Hersteller:	Theodor Bergmann
Produktionszeit:	1917 – 1920
Kaliber:	9 x 19 mm
Länge:	815 mm
Lauflänge:	200 mm
Gewicht (ungeladen):	4,20 kg
Gewicht (geladen):	5,25 kg
Magazinkapazität:	32 Trommel, 20 Stangenmagazin
Feuerarten:	Dauerfeuer
Feuerrate:	400 – 450 Schuss/min
Visier:	Klappkimme 100 und 200 Meter

Das seitlich herausragende Trommelmagazin sorgte zwar für eine bemerkenswerte Feuerkraft, war aber auch empfindlich gegen Beschädigungen. Der Stempel »1920« zeigt, dass diese Waffe offiziell in die Reichswehr übernommen wurde.

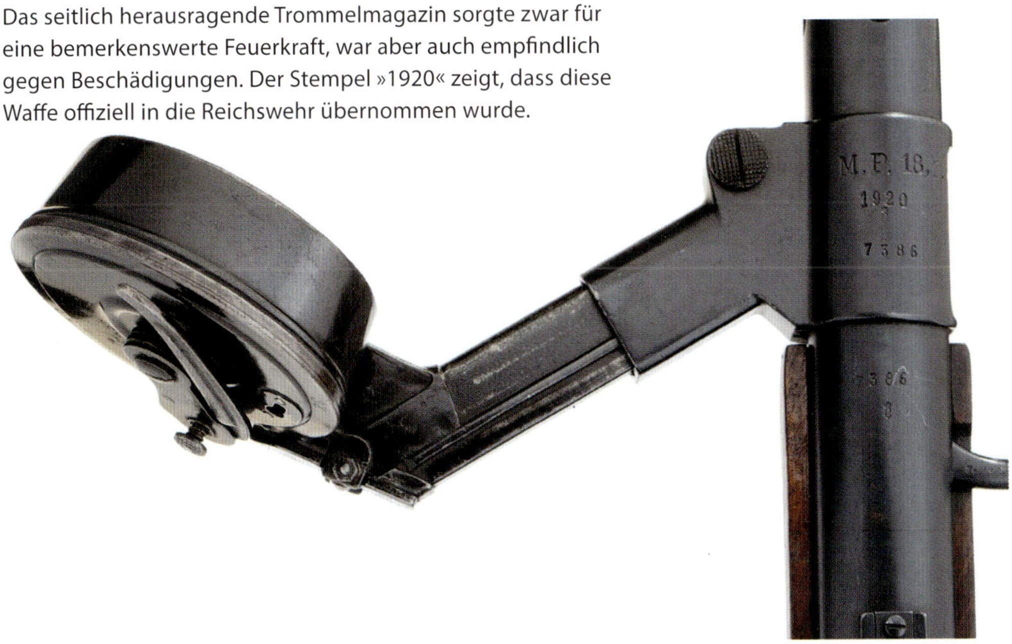

Viele MP 18 wurden später auf eine gerade Zuführung für Stangenmagazine umgerüstet.

Erma Maschinenpistolen

Die Geschichte der Erma-Maschinenpistolen ist eng verbunden mit dem Württemberger Ingenieur Heinrich Vollmer. Schon in jungen Jahren interessierte er sich für Waffentechnik und präsentierte dem Kriegsministerium eine schusssichere Weste. Im Ersten Weltkrieg fertigte er in seiner Firma metallene Mündungsschoner für das Gewehr 98 und half als technischer Berater für Schichtholzfertigung in einem Flugzeugpropellerwerk. Nebenher ging er seiner Leidenschaft nach und entwarf diverse Munitionszuführungen für automatische Waffen, wie beispielsweise eine gurtlose Zuführung für das 13 mm T.u.F. (Tank- und Flieger-MG). Beeindruckt von der Leistungesfähigkeit der MP 18, konstruierte Vollmer eine eigene Maschinenpistole, welche dann in verschiedenen Ausführungen zwischen 1925 und 1928 von der Reichswehr erprobt wurde.

Das erste Modell erreichte zwar einen Achtungserfolg, mehr aber nicht. Die Schließfeder sei zu lang, die Kapazität des von unten einsteckbaren Trommelmagazins mit 25 Schuss zu gering und der Ladevorgang desselben zu kompliziert. Ein Jahr später legte Vollmer sein überarbeitetes Modell vor, die VMP 26 (Vollmer-MP 1926), mit einem von links einsteckbaren Stangenmagazin. Hier zeigte sich, wie zählebig überholte Vorstellungen sein konnten: Die Inspektion für Waffen und Gerät bemängelte an diesem Modell nicht nur die Kadenz von 700 Schuss/min als zu hoch, sondern kritisierte auch den fehlenden Laufmantel.

Ab 1930 flossen keine staatlichen Subventionen mehr an das mittelständische Unternehmen. Finanziell angeschlagen durch die Entwicklungskosten und geringe Einnahmen, musste Vollmer 1931 sein letztes MP-Modell an die Erfuter Maschinenfabrik, kurz ERMA, verkaufen. Deren Chef Berthold Geipel glaubte an die Zukunft der Maschinenpistole und ließ die Waffe nochmals überarbeiten: Sie erhielt wieder einen Laufmantel. Die durchgehende Holzschäftung mit charakteristischem Griff unter dem Vorderschaft blieb bestehen. Eine geniale Entwicklung Vollmers war die schmutzgeschützte Schließfeder: Sie war vollständig von ineinanderschiebbaren Teleskopröhren umgeben. Dieses Konzept findet sich auch bei der MP 40 und einigen Nachkriegs-MPs wieder. 1933 erhielt Vollmer darauf ein Patent.

Trotz aller Bemühungen entsprachen die MP-Modelle nicht mehr dem Zeitgeist. Exporte gelangten nach Südamerika, Bulgarien und Jugoslawien, doch in Deutschland fanden sich nur die SS und die Polizei als Abnehmer. Die Armee verlangte nach einer moderneren Waffe, leichter und kompakter, und vor allem geeignet zum Schießen aus Panzerfahrzeugen.

Technische Daten:	
Hersteller:	Erfurter Maschinenfabrik (Erma)
Produktionszeit:	1925 - 1938
Kaliber:	9 x 19 mm
Länge:	890 - 950 mm
Lauflänge:	250 mm
Gewicht (ungeladen):	4,0 – 4,5 kg
Gewicht (geladen):	4,7 – 5,2 kg
Magazinkapazität:	20 und 32 Patronen
Feuerarten:	Einzelfeuer, Dauerfeuer
Feuerrate:	ca. 500 Schuss/min
Visier:	Schiebevisier oder Klappkimme

Heinrich Vollmers Maschinenpistolen besaßen alle den charakteristischen hölzernen Vordergriff, wie hier die VPH 33 in der Ausführung ohne Laufmantel.

Die Vollmer-MPs waren durchweg unkompliziert aufgebaut und für die damalige Zeit sehr modern. Leider etwas zu modern für die Inspektion für Waffen und Gerät, die nicht auf einen Laufmantel verzichten wollte.

Nach Eindrücken des Hebels hinter dem Abzug lässt sich das Gehäuse drehen und nach vorne abziehen. Die VPH besitzt noch nicht die schmutzgeschützte Teleskopschließfeder.

Eine von Erma gefertigte EMP für deutsche Abnehmer im Kaliber 9 x 19 mm mit zusätzlicher manueller Sicherung oberhalb des Vordergriffs. Waffen für den Export besaßen diese Sicherung nicht.

Propagandafoto des Deutschen Volkssturms. Neben einem italienische Beute-Carcano ist auch eine Erma EMP zu sehen. Das MG 34 war eher unüblich und ist hier nicht einmal mit einem Gurt geladen.

Die hässliche Seite des Krieges – Feldpolizei mit Erma EMP auf Partisanenjagd in Russland.

An der Front sah man die Erma EMP eher selten. Hier ein Munitionsträger mit einem Kasten für Werfergranaten auf dem Tragegestell.

MP 28/II

Die MP 28/II war eine Weiterentwicklung der MP 18 von Theodor Bergmann. Hauptunterschiede sind der zusätzlich angebrachte Feuerwahlhebel für Einzel- und Dauerfeuer sowie die Umstellung von Klapp- auf Schiebevisier. Hugo Schmeisser entwickelte die Waffe in einer schweren Zeit, denn wegen dem Versailler Vertrag war es nicht möglich, die Waffe für die deutschen Streitkräfte herzustellen. Lediglich die Polizei durfte beliefert werden.
In Deutschland wurden die Waffen von C.G. Haenel in Suhl gefertigt. Die belgische Firma Bayard in Herstal erwarb Lizenzrechte und exportierte die MP 28/II in alle Welt. Es gab dabei Ausführungen in unterschiedlichsten Kalibern, wie beispielsweis 9 mm Largo, 9 x 25 Mauser, 7,65 x 22 oder auch .45 ACP. Die belgische Armee führte die MP 28/II im Jahre 1934 als »Mitrailette Modele 1934« im Kaliber 9 x 19 mm ein. Ihren ersten echten Kampfeinsatz hatte sie im Spanischen Bürgerkrieg. Nach der Besetzung Belgiens kamen zahlreiche erbeutete MPs unter der Beutebezeichnung MP 740(b) in der deutschen Armee zum Einsatz
Die MP 28/II ist ein zuschießender Rückstoßlader mit Masseverschluss. Ihr röhrenförmiges Ge-

Technische Daten:	
Hersteller:	C.G. Haenel
Produktionszeit:	ab 1928
Kaliber:	9 x 19 mm
Länge:	812 mm
Lauflänge:	200 mm
Gewicht (ungeladen):	4 kg
Gewicht (geladen):	4,7 kg
Magazinkapazität:	20, 32 und 50 Patronen
Feuerarten:	Einzelfeuer, Dauerfeuer
Visier:	Schiebevisier 100 – 1.000 Meter
Feuerrate:	550 Schuss/min

Die von C.G. Haenel in Suhl gefertigte MP 28/II entsprach einer etwas überarbeiteten MP 18. Innovative Verbesserungen sucht man vergebens.

häuse ist vorne über ein Scharnier mit dem Holzschaft verbunden. Nach Betätigen des Drückers am Ende des Gehäuses kann dieses nach vorne abgeklappt werden. Um Verschluss und Feder zu entnehmen, wird die Gehäusendkappe abgedreht. Der Lauf kann nach Lösen einer Sicherungsschraube aus dem Laufmantel herausgeschraubt werden.
Einige Magazinhalter der MP 28/II wurden verwendet, um die alte MP 18 von schräger auf gerade Magazinhalterung umzurüsten. Dann konnten nämlich die einfacher zu handhabenden Stangenmagazine verwendet werden. Dabei wurde auch die Bezeichnung «M.P.28.II« ausgefräst. Das Schiebevisier konnte in Hunderterschritten von 100 bis 1000 Meter verstellt werden – eine sehr optimistische Einstellung für eine Maschinenpistole.

Die MP 28/II geladen, gespannt und gesichert. Das Einhaken des Spanngriffs in die Ausnehmung ist die einzige Sicherungsmöglichkeit.

Diese MP 28/II ist mit einem Mündungsschoner ausgestattet, damit kein Schmutz in die Mündung eindringt.

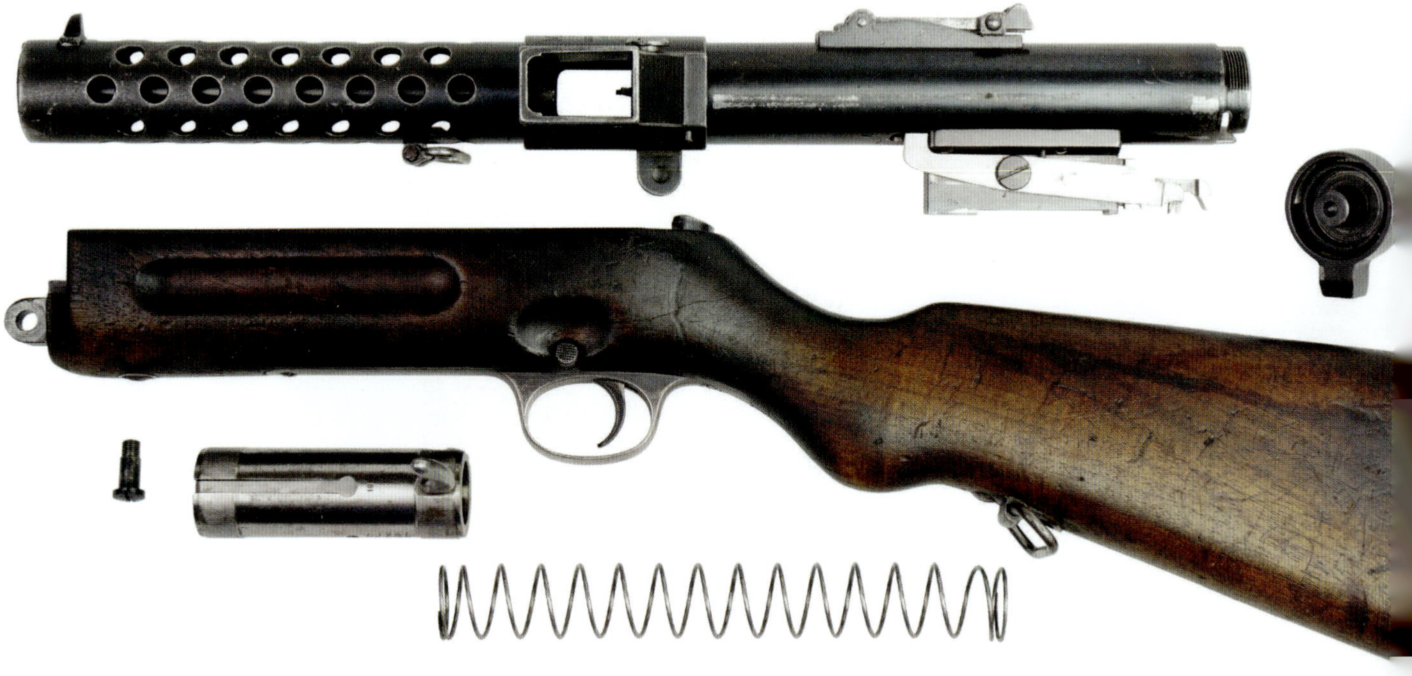

Eine MP 28/II in ihre Einzelteile zerlegt. Gehäuse und Holzkolben sind über ein Scharnier verbunden.

Stempelung »System Schmeisser Patent« auf der MP 28/II.

M.K. 36,II

Hugo Schmeisser hatte im Laufe der Jahre viel Erfahrung in Sachen Maschinenpistolen gesammelt. Doch 1936 entstand eine automatische Waffe, die eher einen Rückschritt darstellt. Die genauen Gründe dafür sind bis heute unbekannt. Schmeissers sogenannter »Maschinenkarabiner 36,II« (M.K. 36,II) gleicht einem Repetiergewehr mit Vollschäftung und verfügt sogar über eine Bajonetthalterung für das Seitengewehr des Karabiners 98k. Verschluss, Abzugsmechanismus und Feuerwahldrücker stammen von der MP 28/II. Die Patronen im Kaliber 9 x 19 mm wurden aus von unten einsteckbaren Stangenmagazinen mit 20 bzw. 32 Schuss Kapazität zugeführt. Hinderlich ist der Umstand, dass die Waffe nur bei eingeführtem Magazin gespannt werden kann. Das Zerlegen wiederum gestaltet sich einfach: Nach Abschrauben der Schmeisser-typischen Gehäuseendkappe lässt sich der Verschluss mitsamt Schließfeder entnehmen. Gegenüber anderen zeitgenössischen Maschinenpistolen hatte der M.K. 36,II dank des langen Laufes eine höhere Anfangsgeschwindigkeit und somit eine größere Einsatzentfernung. Das Schiebevisier geht von 100 bis 1.000 Meter.

Technische Daten:	
Hersteller:	Theodor Bergmann
Produktionszeit:	1936
Kaliber:	9 x 19 mm
Länge (ohne Bajonett):	1.130 mm
Länge (mit Bajonett):	1.326 mm
Lauflänge:	502 mm
Gewicht (ungeladen):	4,76 kg
Magazinkapazität:	25, 32 Patronen
Feuerarten:	Einzelfeuer, Dauerfeuer
Feuerrate:	500 Schuss/min
Visier:	Schiebevisier 100 – 1.000 Meter

Da der M.K. 36,II bei den offiziellen Stellen wenig Zuspruch fand, wurde nur eine gering Anzahl hergestellt. Darunter auch eine Variante für Ungarn: Sie unterscheidet sich im Kaliber (9 x 25 mm Mauser Export), einer veränderten Bajonetthalterung für das ungarische Seitengewehr M35, einem modifizierten Korn mit Korntunnel, einer geriffelten Gehäuseoberseite hinter dem Visier und einer Verlegung des Spanngriffs auf die rechte Seite. Eingeführt wurde Schmeissers Maschinenkarabiner aber auch in Ungarn nicht.

Schmeissers Maschinenkarabiner 36,II gleicht einem Repetiergewehr mit Vollschäftung. Verschluss, Abzugsmechanismus und Feuerwahldrücker stammen von der MP 28/II.

Die Bestempelung des Maschinenkarabiners mit Hinweis auf seinen Konstrukteur Hugo Schmeisser.

Der M.K. 36,II fand bei den offiziellen Stellen wenig Zuspruch. Hinderlich war unter anderem, dass die Waffe nur bei eingeführtem Magazin gespannt werden kann.

MP 35/I

Die MP 35/I nimmt mit ihrer besonderen Verschlusskonstruktion mit auffälligem Kammerstängel eine Sonderstellung unter den deutschen Maschinenpistolen ihrer Zeit ein. Vor dem ersten Schuss muss dieser wie bei einem Repetiergewehr nach oben und hinten gezogen und danach wieder geschlossen werden. Während des Schießens verbleibt er in geschlossener Position. Unüblich ist auch der an der rechten Seite angebrachte Magazinschacht, was die Waffe leicht von ähnlichen Maschinenpistolen unterscheiden lässt. Beim Schießen kann durch eine bestimmte Konstruktion des Abzuges zwischen Einzelfeuer und Dauerfeuer gewählt werden. Betätigt man nur den oberen Teil des Abzuges, schießt man in Einzelfeuer. Wenn man den unteren Teil des Abzuges drückt, wird ein zusätzlicher Hebel hinter dem Abzug betätigt und die Waffe schießt in Dauerfeuer.

Die MP wurde Anfang der 30er-Jahre bei der Firma Theodor Bergmann entwickelt. Durch den Versailler Vertrag war es deutschen Unternehmen allerdings verboten, Maschinenpistolen zu produzieren. Außerdem fehlte es dem Betrieb an Produktionskapazitäten. Bergmann suchte deshalb einen Partner im Ausland und wurde in Dänemark fündig: Schultz & Larsen in Otterup fertigte daraufhin etwa 2.000 Stück im Auftrag von Bergmann. Es gab zwei Modelle, die »Bergmann Maschinenpistole 32« (BMP) mit 20 cm Lauflänge und den »Bergmann Maschinenkarabiner 32« (BMK) mit 32 cm Lauflänge. Die MP wurde von den dänischen Streitkräften im Kaliber 9 mm Bergmann-Bayard offiziell eingeführt. Es entstanden auch Waffen für die Kaliber 7,63 mm Mauser, 7,65 mm Parabellum, 9 mm Mauser Export und .45 ACP.

Ab 1934 übernahm die Firma Walther in Zella-Mehlis einen Fertigungsauftrag und stellte auch etwa 2.000 Stück in verschiedenen Varianten her. Exporte gingen unter anderem nach Bolivien und Äthiopien. Im Jahre 1938 trat die SS an Bergmann heran und kaufte alle noch auf Lager befindlichen Waffen auf. Zudem wurde ein Großauftrag über 45.000 Stück in Aussicht gestellt. Zu dieser Zeit hatte allerdings die Wehrmacht mit ihren Aufträgen schon alle Kapazitäten von Bergmann ausgeschöpft. Und somit nahm man die Firma Junker & Ruh in Karlsruhe, einen erfahrenen Hersteller von Öfen und Werkzeugen, als neuen Partner mit ins Boot. Nach etwas Überarbeitung erhielt die Waffe die neue Bezeichnung MP 35/I. Die erste Lieferung an die Waffen-SS erfolgte im Frühjahr 1940. Der Auftrag wurde jedoch nie vollständig erledigt. Bis Ende November 1943 kamen nur 1.800 Waffen zur Auslieferung, dann wurde der Auftrag vorerst gestoppt. Der hohe Material- und Fertigungsaufwand mit gefrästen Teilen und dem komplizierten Verschluss war zu diesem Zeitpunkt nicht mehr akzeptabel. Da sich jedoch die Auslieferung des neuen Sturmgewehrs verzögerte, durfte Junker & Ruh die Fertigung noch einmal bis 1944 weiterlaufen lassen.

Technische Daten:	
Hersteller:	Theodor Bergmann, Junker & Ruh
Produktionszeit:	1940 - 1945
Kaliber:	9 x 19 mm
Länge:	840 mm
Lauflänge:	200 mm
Gewicht (ungeladen):	4,05 kg
Gewicht (geladen):	4,73 kg
Magazinkapazität:	32 Patronen
Feuerarten:	Einzelfeuer, Dauerfeuer
Feuerrate:	650 Schuss/min
Visier:	Schiebevisier 50 – 1.000 Meter

Die MP 35/I besitzt eine komplizierte Verschlusskonstruktion und wird vor dem ersten Schuss wie ein Repetiergewehr gespannt. Ihre Herstellung verursachte einen hohen Material- und Fertigungsaufwand.

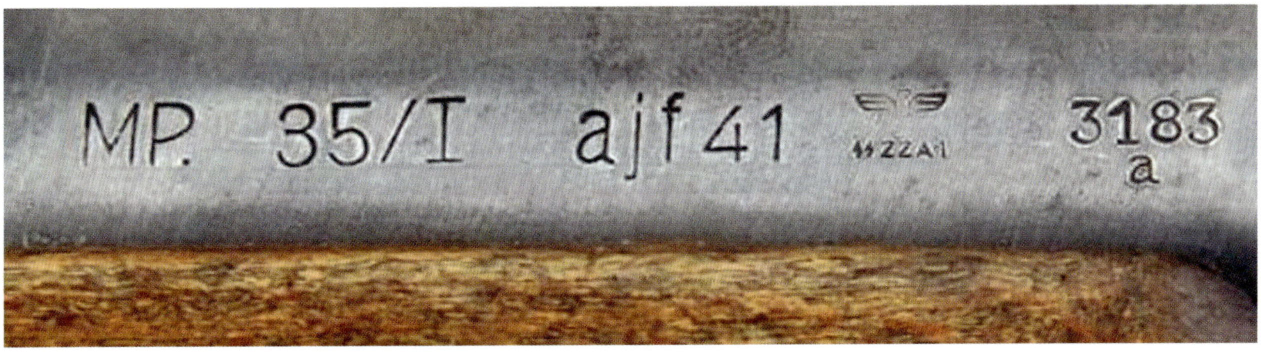

Viele MP 35/1 fanden Verwendung bei der Waffen-SS. Sie tragen den Stempel des SS-Zentralzeugamtes. Das Fertigungskennzeichen »ajf« steht für den Hersteller Junker & Ruh in Karlsruhe.

Ungewöhnlich für die damalige Zeit war der Magazinschacht auf der rechten Seite. Er lässt die MP 35/1 leicht von ähnlichen Maschinenpistolen unterscheiden.

Die rege Partisanentätigkeit machte einen besonderen Schutz der Bahnverbindungen notwendig. Hier eine Patrouille mit MP 35/I und Karabiner 98a.

Mit der Straßenbahn zur Front zu fahren, war gegen Ende des Krieges nicht ungewöhnlich. Neben Panzerfäusten ist ein Soldat mit einer MP 35/I bewaffnet.

Ein italienischer Partisan posiert mit einer erbeuteten MP 35/I für ein Foto.

Erma EMP 36

Die EMP 36 ist das kaum bekannte Verbindungsglied in der Entwicklung der EMP zur MP 38. Nachdem Heinrich Vollmer 1931 seine EMP an die Erfurter Maschinenfabrik (Erma) verkauft hatte, wurde die Waffe dort weiterentwickelt. Anfang 1938 erhielt die Erfurter Maschinenfabrik vom Heereswaffenamt den Auftrag zur Entwicklung einer neuen Maschinenpistole. Nur ein paar Monate später, Anfang Juni 1938, legte Erma die MP 38 vor. Diese Leistung ist beeindruckend. Scheint doch die Zeitspanne viel zu kurz zu sein, um eine derartige Waffe neu zu entwickeln und durchzukonstruieren. Und tatsächlich, die MP 38 war keineswegs eine völlige Neukonstruktion, sondern vielmehr die Weiterentwicklung eines fast unbekannten Vorgängermodells: der EMP 36.

Zwar gab es keinen offiziellen Auftrag, aber die Armee hatte dennoch ihre Hände im Spiel. So verfügt die EMP 36 beispielsweise über einen beweglichen Haken an der Laufunterseite nahe der Mündung, welcher das Zurückrutschen der Waffe beim Schießen aus Panzerfahrzeugen verhindern soll. Ebenso verfügt die MP über eine klappbare Schulterstütze, damit sie auch in den beengten Räumlichkeiten eines Panzerfahrzeugs eingesetzt werden kann.

Übernommen wurde von der EMP die bewährte schmutzgeschützte Teleskop-Feder, der nun senkrechte Magazinschacht ersetzte den hölzernen Vordergriff und der Holzschaft wich einem klappbaren Skelettschaft aus Metall. Für die Kühlung wählte man keinen Laufmantel mehr, sondern setzte auf Massekühlung. Ein etwas ungewöhnliches Detail ist der um 30° nach links und leicht nach vorne abgewinkelte Magazinschacht, der so dem Schützen einen besseren Halt geben sollte. Mittels eines über dem Abzug angebrachten Schiebers konnte zwischen Einzel- und Dauerfeuer gewählt werden. Die Verkleidung des Gehäuseunterteils der EMP 36 besteht komplett aus Holz. Um die Waffe zur Reinigung zu zerlegen, musste unten am Gehäuse ein Entriegelungsknopf herausgezogen und gedreht werden. Dann konnte die Gehäuseröhre (ebenfalls nach einem leichten Dreh) nach vorne herausgezogen werden.

Bis heute ist es ein Rätsel, was nach Fertigstellung der EMP 36 geschah, warum diese Waffe nicht weiter gefertigt wurde und warum sich keine Unterlagen darüber finden lassen. Als das Heereswaffenamt 1938 an Erma herantrat, war jedenfalls nicht mehr viel Arbeit nötig, um auf Grundlage dieser Waffe eine neue Maschinenpistole aus dem Hut zu zaubern. Heute existieren nur noch zwei bekannte Exemplare (Seriennummern 1 und 14).

Technische Daten:	
Hersteller:	Erfurter Maschinenfabrik (Erma)
Produktionszeit:	1936
Kaliber:	9 x 19 mm
Länge (Schaft eingeklappt):	620 mm
Länge (Schaft ausgeklappt):	831 mm
Lauflänge:	250 mm
Gewicht (ungeladen):	3,96 kg
Gewicht (geladen):	4,64 kg
Magazinkapazität:	32 Patronen
Feuerarten:	Einzelfeuer, Dauerfeuer
Feuerrate:	nicht bekannt
Visier:	Klappkimme 100 und 200 Meter

Die EMP 36: das kaum bekannte Verbindungsglied in der Entwicklung von der EMP zur MP 38.

Heute existieren nur noch zwei bekannte Exemplare. Hier die Seriennummer 1 aus dem Prager Militärmuseum. Auffällig an der EMP 36 ist der schräg angesetzte Magazinschacht.

Manche Teile, wie hier der Verschluss, sind bei der EMP 36 noch kompliziert gefertigt. Bei der MP 38 war er dann wesentlich vereinfacht.

MP 38

Dank der Vorarbeit in Form der EMP 36 konnte Erma dem Heereswaffenamt 1938 nach einigen Anpassungsarbeiten eine zukunftsweisende Maschinenpistole vorstellen.
Die gewichtigste Änderung, im wahrsten Sinne des Wortes, betraf die Fertigung des Gehäuses. Aus Gründen der Gewichtsreduzierung wurde das massive Stahlgehäuse mit zahlreichen länglichen Rillen versehen und der nun völlig senkrechte Magazinschacht bekam seitlich je einen großen runden Ausschnitt. Die Verkleidung des Gehäuseunterteils der EMP 36 bestand komplett aus Holz, bei der MP 38 jedoch kam das viel leichtere Bakelit zur Anwendung, welches zu dieser Zeit noch ein recht neuer Werkstoff im Waffenbau war. Des Weiteren entfiel die als unnötig angesehene Umschaltvorrichtung für Einzel- und Dauerfeuer. Aus dem hebelförmigen Magazinlöser hinten am Magazinschacht wurde ein Druckknopf auf der linken Seite. Dementsprechend musste auch das Magazin überarbeitet werden.
Um das Schießen aus Panzerfahrzeugen zu verbessern, wurde noch eine Laufauflage unten am Lauf befestigt, welche Richtung Mündung hakenförmig endet und so den Klapphaken der EMP 36 ersetzt. Die Klapp-Schulterstütze blieb fast unverändert, die Laufhaltemutter erfuhr eine kleine Formänderung, der Spanngriff wurde nun hakenförmig ausgebildet, und ein paar weitere kleinere Änderungen führten schlussendlich zur MP 38, wie man sie kennt.
Die Überarbeitung war schnell zu bewerkstelligen, und so kam es dann, dass innerhalb von knapp 7 Monaten die MP 38 entwickelt, grob getestet und schon am 29. Juni 1938 offiziell eingeführt werden konnte. Bereits im Juli 1938 lief die Serienfertigung an, wenn auch sehr schleppend. Zum Zeitpunkt des Überfalls auf Polen am 1. September 1939 befanden sich laut Bestandsmeldungen 8.700 MPs bei den deutschen Truppen im Einsatz. Das alles geschah so in Eile, dass die üblichen gründlichen Versuche noch gar nicht abgeschlossen waren und deshalb ausgewählte Truppenteile ständig Erfahrungsberichte zurückmelden mussten.
Zu dieser Zeit entstand auch eine Versuchswaffe fast komplett aus Aluminium: die MP 38(L). Die Hintergründe dieser Entwicklung liegen im Dunkeln, es existiert nur ein einziges Realstück und es sind keinerlei Unterlagen darüber bekannt. Der Zusatz »L« dürfte für »leicht« stehen.
Die Stempel auf einigen Teilen deuten auf Erma als Hersteller hin. Die Gussteile stammen von den Aluminium-Werken Wutöschingen in Baden-Württemberg. Mit 3,2 kg Gewicht ist die MP 38(L) fast ein Kilogramm leichter als die MP 38. Diese Gewichtseinsparung wurde jedoch im wahrsten Sinne des Wortes teuer erkauft – Aluminium war im Deutschen Reich ein rares Gut und wurde vor allem für den Flugzeugbau dringend benötigt. Somit konnte die MP 38(L) langfristig keine Zukunft haben und es blieb bei diesem Versuchsstück.

Technische Daten:	
Hersteller:	Erfurter Maschinenfabrik (Erma)
Produktionszeit:	1938 - 1940
Kaliber:	9 x 19 mm
Länge (Schaft eingeklappt):	630 mm
Länge (Schaft ausgeklappt):	833 mm
Lauflänge:	247 mm
Gewicht (ungeladen):	4,1 kg
Gewicht (geladen):	4,77 kg
Magazinkapazität:	32 Patronen
Feuerarten:	Dauerfeuer
Feuerrate:	400 Schuss/min
Visier:	Klappkimme 100 und 200 Meter

Die MP 38 kam in solcher Eile zur Truppe, dass vorher nicht einmal mehr ein umfangreicher Truppenversuch möglich war.

Die Entstehungsgeschichte der MP 38(L) liegt im Dunkeln. Sie war zwar ein Kilo leichter als die MP 38, aber Aluminium war damals ein rares Gut in der Rüstungspoduktion.

Der hakenförmige Spanngriff der MP 38 wurde nachträglich gegen den eindrückbaren Spannknopf der MP 40 ausgetauscht. Dafür musste im Gehäuse eine Ausnehmung eingefräst werden.

Das Griffstück der MP 38 war noch aufwendig maschinell bearbeitet. Dieses Exemplar wurde laut Stempel »F&S« von Fichtel & Sachs in Schweinfurt gefertigt.

Das Mündungsgewinde ist durch eine Mutter geschützt. Dieser zusätzliche Fertigungsaufwand wurde bis Kriegsende betrieben, obwohl für die MP kein aufschraubbares Zubehör zur Einführung kam.

Bestempelung einer MP 38 von 1940. Das Fertigungskennzeichen »27« steht für die Erfurter Maschinenfabrik (Erma).

MP 40

Nachdem die MP 38 zwar technisch für gut befunden, aber doch sehr aufwendig zu fertigen war, versuchte ERMA Anfang 1940 die Waffe zu vereinfachen. Einen wirklichen Fortschritt in Sachen Produktionsvereinfachung brachte die Überarbeitung von Gehäuse und Griffstück, denn sie wurden nun durch spanlose Umformung, umgangssprachlich »Blechprägen«, hergestellt. Die eigentliche Massenfertigung der MP 40 begann im März 1940, davor wurden lediglich kleinere Mengen hergestellt. Parallel dazu fanden schon erste Versuche statt, um die mangelhafte Sicherung zu verbessern. Einige Varianten wurden erprobt, und schließlich fiel die Entscheidung auf einen zweiteiligen Spanngriff, der sich durch Eindrücken sichern lässt. Diese Änderung floss sofort in die laufende Produktion ein, und für alle bereits ausgelieferten Waffen (auch MP 38) wurde eine Umbauanleitung für Waffenmeister veröffentlicht. Dies war nun die endgültige Ausführung der MP 40, wie sie in den folgenden Jahren massenhaft bei ERMA, Haenel und Steyr vom Band lief. Diese Firmen dienten dabei als Endmontagestellen, da im Laufe des Krieges die Herstellung von immer mehr Einzelteilen an Betriebe im ganzen Reich verteilt wurde. Somit war die Gesamtfertigung weniger anfällig für die zunehmenden Bombenangriffe und der Ausfall eines Teilelieferanten konnte leichter kompensiert werden.

Obwohl die MP 40 nie ausgemustert wurde und auch nicht wie geplant durch das Sturmgewehr 44 ersetzt werden konnte, endete ihre Fertigung im Jahre 1944 nach über 700.000 Stück. Haenel stoppte die Produktion 1942 zu Gunsten des neuen Sturmgewehrs, ERMA folgte Ende 1943. Zuletzt produzierte noch Steyr in Österreich, bis auch hier im Herbst 1944 Schluss war und man sich auf die Herstellung von StG 44 und MG 42 konzentrierte. Mit über 300.000 Stück stammt fast die Hälfte aller MP 40 aus der Produktion von Steyr.

Eine kuriose Variante war die MP 40/1. Hierzu verpasste Erma der MP 40 den ursprünglich für die EMP 44 entwickelten Doppel-Magazinschacht für zwei Magazine, allerdings ohne den komplizierte Staubschutz. Sehr stabil war das Ergenis jedoch nicht. Es wurden einfach Gehäuse aus der Serienfertigung entnommen und der Ausschnitt für den Magazinschacht vergrößert. Eine zusätzliche Verstärkung bzw. Versteifung des geschwächten Gehäuses blieb aus. Bei einigen der heute noch existierenden MP40/1 haben sich die Gehäuse schon alleine nur durch die lange Lagerung verzogen.

Technische Daten MP 40:	
Hersteller:	Erma, Haenel, Steyr
Produktionszeit:	1940 - 1944
Kaliber:	9 x 19 mm
Länge (Schaft eingeklappt):	630 mm
Länge (Schaft ausgeklappt):	832 mm
Lauflänge:	251 mm
Gewicht (ungeladen):	3,97 kg
Gewicht (geladen):	4,64 kg
Magazinkapazität:	32 Patronen
Feuerarten:	Dauerfeuer
Feuerrate:	500 Schuss/min
Visier:	Klappkimme 100 und 200 Meter

Blick auf den Doppel-Magazinschacht der MP 40/1. Nach Betätigen des gefederten Drückers lässt sich der Halter seitlich verschieben.

Die MP 40 wurde zum Symbol des Blitzkriegs und ist auch heute noch weltweit bekannt. Auch wenn sie oftmals fälschlicherweise als »Schmeisser« bezeichnet wird.

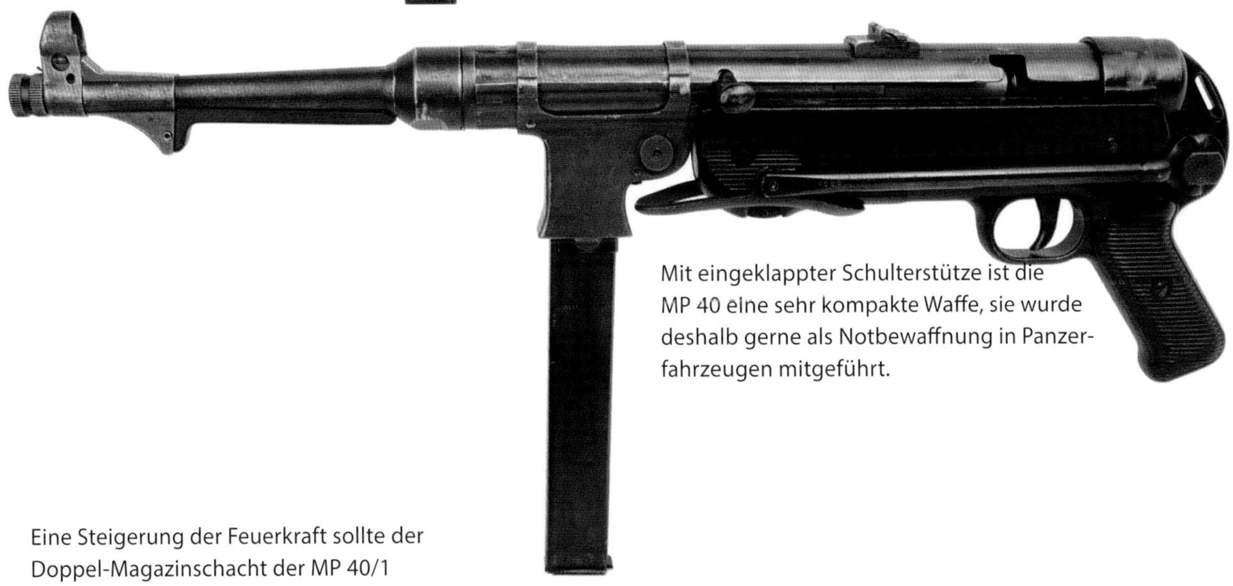

Mit eingeklappter Schulterstütze ist die MP 40 eine sehr kompakte Waffe, sie wurde deshalb gerne als Notbewaffnung in Panzerfahrzeugen mitgeführt.

Eine Steigerung der Feuerkraft sollte der Doppel-Magazinschacht der MP 40/1 bringen. Doch er bewährte sich nicht, zumal das Gehäuse durch den Umbau geschwächt wurde.

Steyr-Daimler-Puch fertigte gegen Kriegsende die MP 40 mit einem vereinfachten Griffstück ohne Verschraubungen.

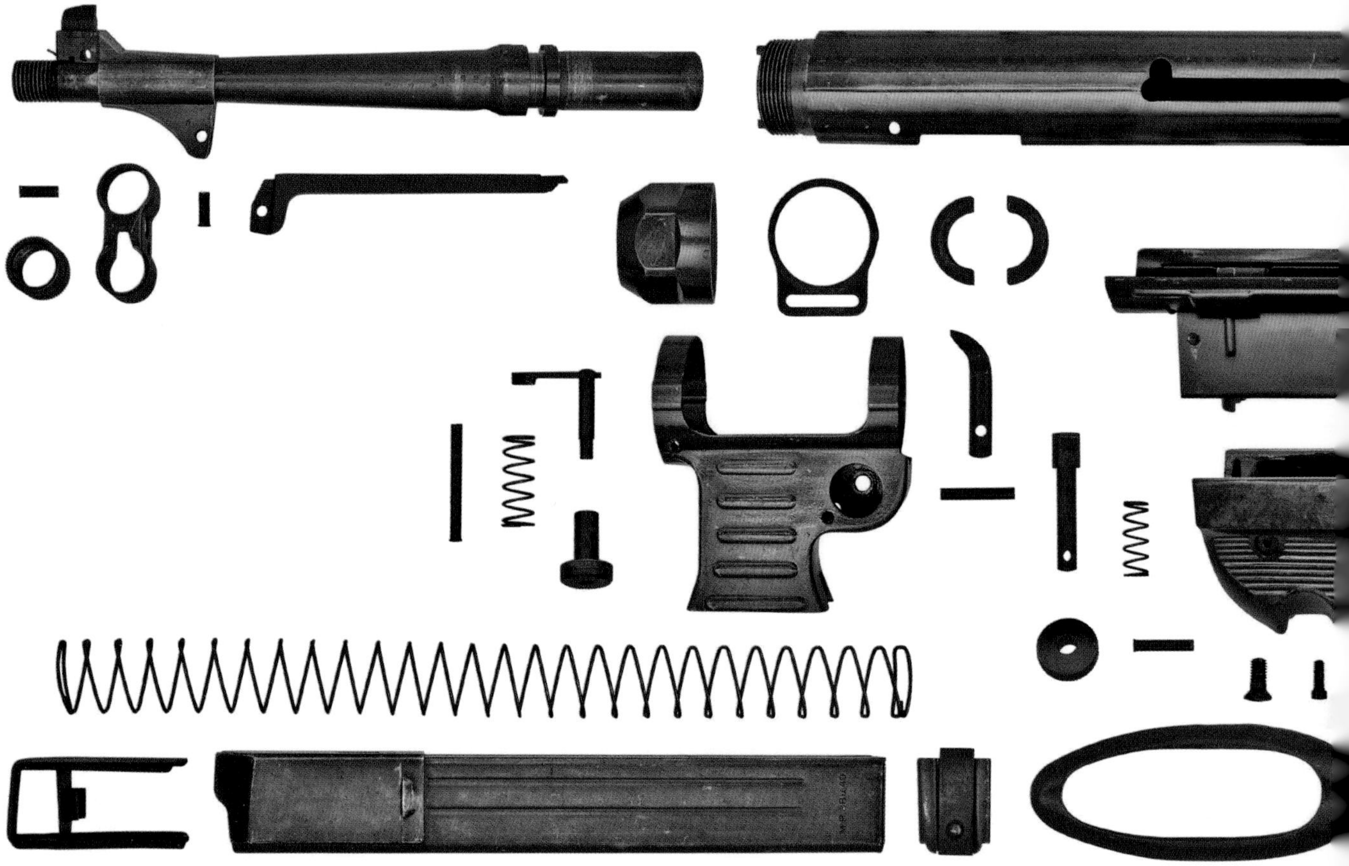

Eine MP 40 zerlegt in ihre Einzelteile. Ein weitläufiges Netz von Zulieferbetrieben, verteilt im ganzen Reich, machte die Fertigung weniger anfällig für feindliche Luftangriffe. [Foto: C&Rsenal]

Die Abnahmestempel (Reichsadler mit Nummer) belegen die Endkontrolle der hergestellten Waffen.

Herstellerstempel auf einer MP 40 aus dem Jahre 1942: »bnz« steht für die Steyr-Daimler-Puch AG.

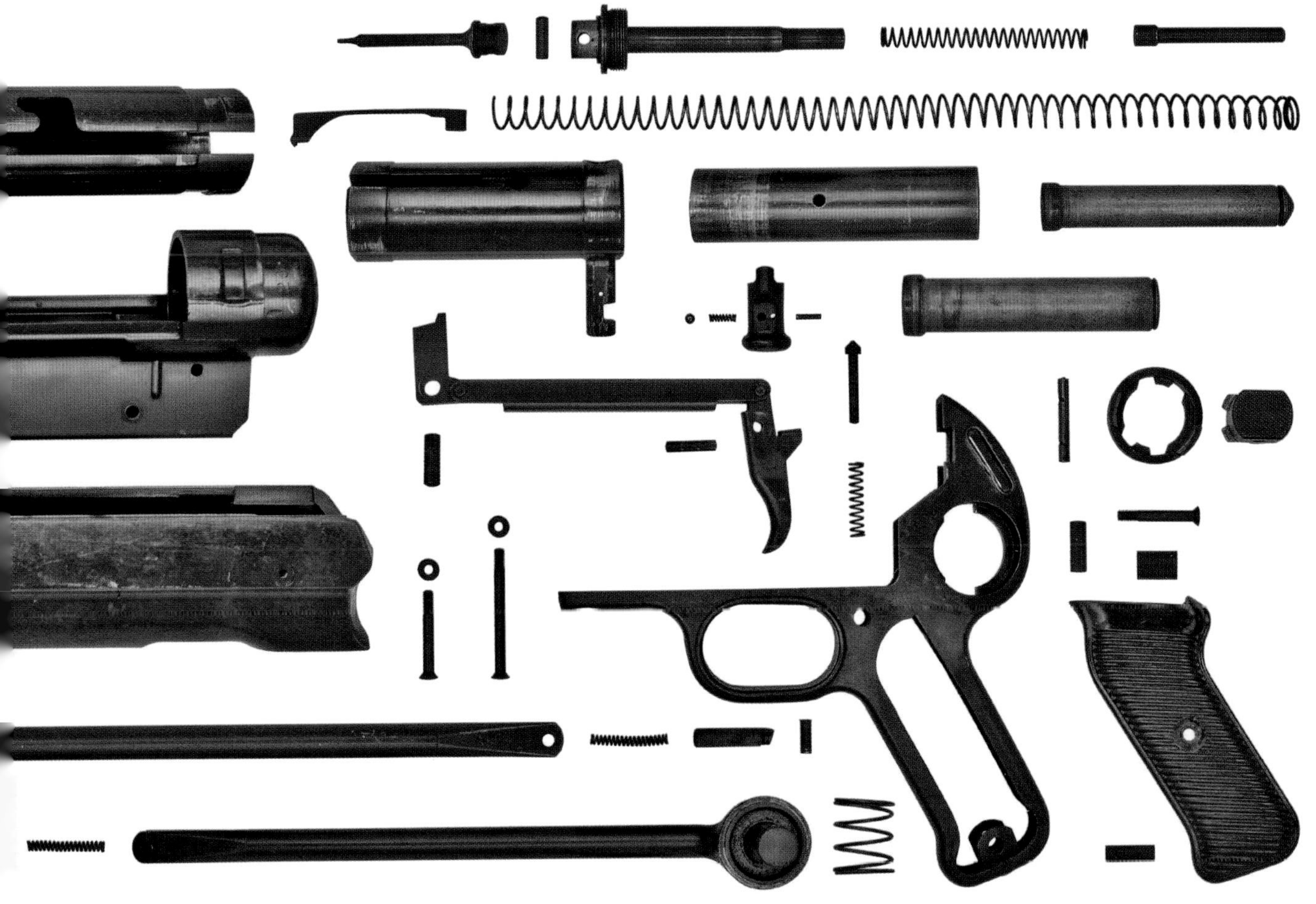

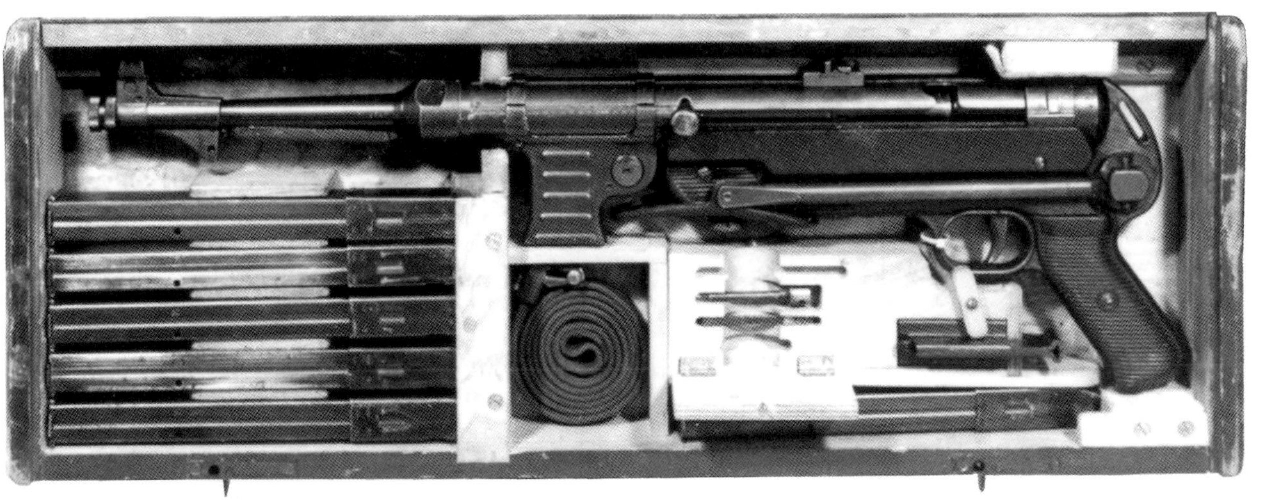

Transportkiste mit einer MP 40, sieben Magazinen und diversem Zubehör.

MP 41

Technische Daten:	
Hersteller:	C.G. Haenel
Produktionszeit:	1941 und 1944
Kaliber:	9 x 19 mm
Länge:	864 mm
Lauflänge:	251 mm
Gewicht (ungeladen):	3,7 kg
Gewicht (geladen):	4,37 kg
Magazinkapazität:	32 Patronen
Feuerarten:	Einzelfeuer, Dauerfeuer
Feuerrate:	500 Schuss/min
Visier:	Klappkimme 100 und 200 Meter

Ungewöhnlich für ihre Zeit, entstand bei C.G. Haenel im Auftrag des verbündeten Rumäniens noch im Jahre 1941 eine Maschinenpistole im alten Stil. Die Fertigung der eigenen MP »Orita« mit ähnlichem Aussehen kam erstmal nicht in Schwung, so dass italienische Berettas und eben die deutsche MP 41 die Lücke schließen mussten. Hugo Schmeisser griff auf das System der MP 40 zurück, ersetzte den Klappschaft durch einen massiven Holzschaft und fügte den Feuerwahlmechanismus der MP 28/II hinzu. Der Lauf ist fest in das Gehäuse eingeschraubt und nur noch durch einen Waffenmeister mit entsprechendem Werkzeug zu wechseln. Die Magazine der MP 40 blieben unverändert.

In dieser Form gingen dann die meisten Waffen an die rumänische Armee. Da es sich um keinen deutschen Militärauftrag handelte, tragen die Waffen die volle zivile Stempelung »MP 41 Patent

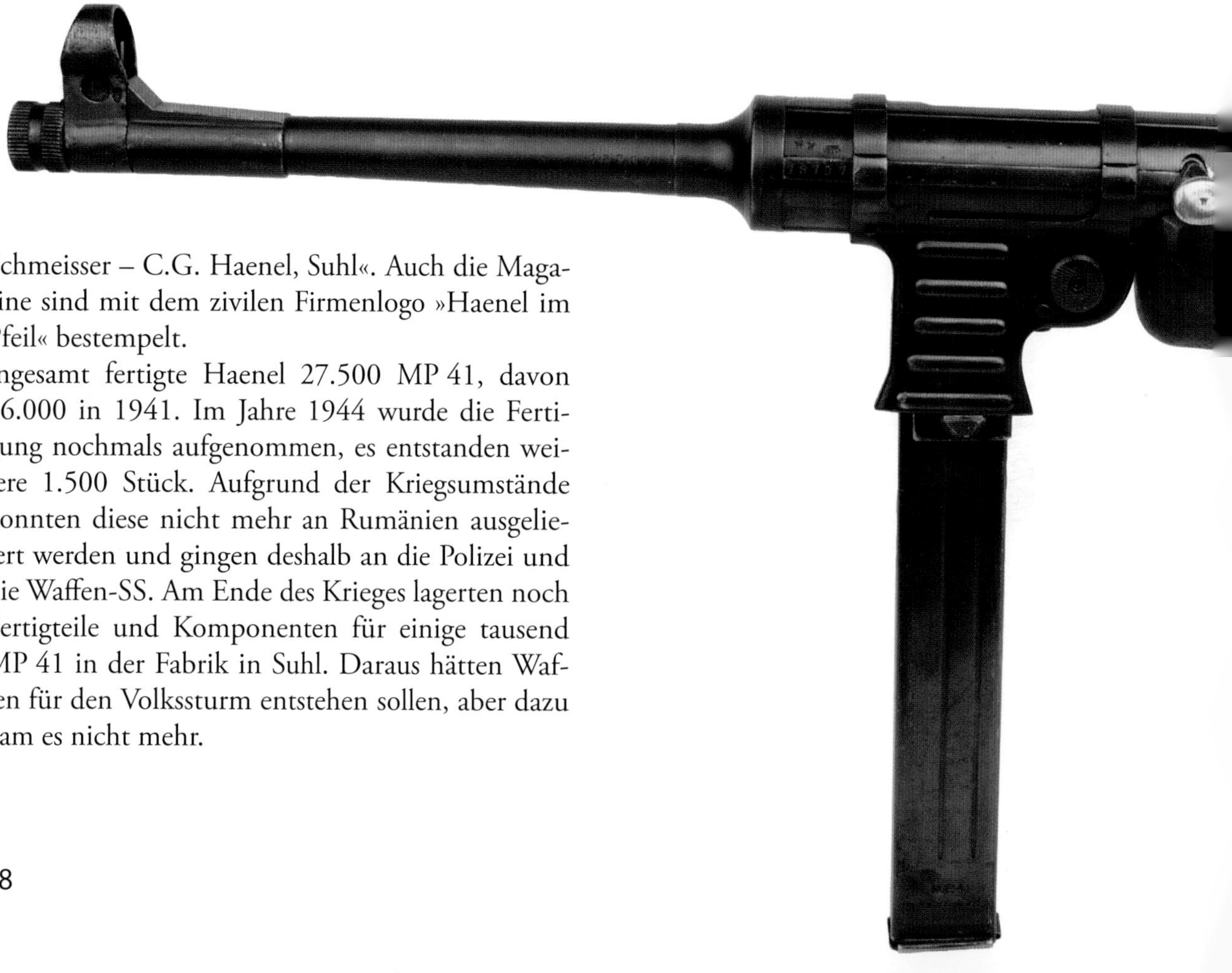

Schmeisser – C.G. Haenel, Suhl«. Auch die Magazine sind mit dem zivilen Firmenlogo »Haenel im Pfeil« bestempelt.

Ingesamt fertigte Haenel 27.500 MP 41, davon 26.000 in 1941. Im Jahre 1944 wurde die Fertigung nochmals aufgenommen, es entstanden weitere 1.500 Stück. Aufgrund der Kriegsumstände konnten diese nicht mehr an Rumänien ausgeliefert werden und gingen deshalb an die Polizei und die Waffen-SS. Am Ende des Krieges lagerten noch Fertigteile und Komponenten für einige tausend MP 41 in der Fabrik in Suhl. Daraus hätten Waffen für den Volkssturm entstehen sollen, aber dazu kam es nicht mehr.

Ein Angehöriger der griechischen Nationalgarde, mit MP 41 bewaffnet, bei der Bekämpfung eines Aufstandes.

Die MP 41 mit ihrem markanten Holzkolben im alten Stil wurde für die rumänische Armee gefertigt. Kleinere Mengen gelangten auch zur deutschen Polizei und Waffen-SS.

MP 42 SS

Während sich die Wehrmacht über die offiziellen Kanäle mit Waffen versorgen konnte, blieb die SS oftmals außen vor. In stetiger Konkurrenz zum Heereswaffenamt wurde diese Truppe nur nachrangig behandelt. So blieb der SS nichts anderes übrig, als in großem Stil allerlei Beutewaffen weiterzuverwenden – was wiederum den Nachschub mit passender Munition in den unterschiedlichen Kalibern erschwerte. Nach der Besetzung der Tschechoslowakei übernahm die SS unter anderem die Kontrolle über die riesige Waffenfabrik Československá Zbrojovka Brno und benannte sie um in Waffenwerke Brünn I. Von nun an arbeitete die Entwicklungsabteilung der Waffenwerke als Teil der »SS-Waffenakademie Brünn« an der Umsetzung zahlreicher innovativer Ideen, was über den offiziellen Dienstweg mit Einschaltung des Heereswaffenamtes aufgrund des Konkurrenzdenkes von Wehrmacht und Waffen-SS nicht möglich gewesen wäre. Manche Waffen erlangten die Frontreife und wurden dann auch dort produziert, wie beispielsweise die Panzerbüchse M.SS41.

Eine weitere Entwicklung war die Maschinenpistole 42 SS. Sie entstand aus dem Wunsch nach einer höheren Magazinkapazität. Während das Heereswaffenamt relativ erfolglos mit einer umgebauten MP 40 mit zwei Stangenmagazinen experimentierte, setzte die SS auf ein Trommelmagazin mit 64 Schuss. Die Waffe selbst ist ein zuschießender Rückstoßlader mit Masseverschluss und weist keine technischen Besonderheiten auf. Mit ihrer Holzschäftung wirkt sie selbst für die damalige Zeit eher altbacken.

Die Fertigung war sehr aufwendig, denn keine Bauteile sind mit der MP 38 oder 40 austauschbar. Anstelle des Trommelmagazins konnte auch ein Stangenmagazin verwendet werden, welches allerdings auch mit keiner anderen deutschen MP kompatibel war. Die SS bestellte 1942 insgesamt 10.000 Stück, doch es ist zweifelhaft, ob jemals eine Serienfertigung begonnen wurde. In einem Schreiben vom 12. April 1943 verbot deshalb Albert Speer in seiner Funktion als Reichsminister für Bewaffnung und Munition jede weitere Arbeit an dieser Maschinenpistole. Heute sind nur noch einige Einzelstücke erhalten, und alle in leicht unterschiedlichen Ausführungen.

Technische Daten:	
Hersteller:	Waffenwerke Brünn AG
Produktionszeit:	1942 – 1943
Kaliber:	9 x 19 mm

Drei verschiedene Varianten der MP 42 SS. [VHU Prag]

Hersteller-Stempel der Waffenwerke Brünn A.G. [VHU Prag]

Seriennummer 8 und Modellbezeichnung MP-42. [VHU Prag]

Massiver Verschluss mit Schließfeder der MP 42 SS. [VHU Prag]

Das Visier ist aufwendig gefertigt und lässt sich durch Drehen bis 300 m verstellen. [VHU Prag]

Erma EMP 44

Technische Daten:	
Hersteller:	Erfurter Maschinenfabrik (Erma)
Produktionszeit:	1943
Kaliber:	9 x 19 mm
Länge:	720 mm
Lauflänge:	250 mm
Gewicht (ungeladen):	3,66 kg
Gewicht (geladen):	5,01 kg
Magazinkapazität:	2 x 32 Patronen
Feuerarten:	Dauerfeuer
Feuerrate:	nicht bekannt
Visier:	Klappkimme 100, 200 und 300 Meter

Der große Bedarf an Maschinenpistolen bei Wehrmacht und Waffen-SS konnte im weiteren Verlauf des Krieges von der Rüstungsindustrie kaum noch befriedigt werden. Rohstoffmangel und die feindlichen Luftangriffe auf Transportwege und Produktionsstätten wurden zunehmend spürbar. Noch immer wurden deutsche Waffen qualitativ hochwertig gefertigt, während andere Nationen schon längst mehr auf Masse statt Klasse setzten. Dieser Notwendigkeit konnten sich letztendlich auch die deutschen Waffenbauer nicht länger entziehen. Einer dieser Vereinfachungsversuche war die EMP 44 der Erfurter Maschinenfabrik.

Ermas vereinfachte MP besteht hauptsächlich aus grob zusammengeschweißten Metallrohren. Am Gehäuse ist vorne ein perforierter Laufmantel gleichen Durchmessers angenietet. In der Mitte der Waffe befindet sich die Abzugseinheit, davor der Magazinschacht und direkt dahinter ein senkrechter, hohler Haltegriff. Mit ihm konnte die Waffe auf eine Halterung gesteckt werden, beispielsweise beim Einbau in ein Fahrzeug. Das wohl ungewöhnlichste Merkmal der EMP 44 ist ihr Doppel-Magazinschacht. Er fasst zwei Magazine der MP 40 mit jeweils 32 Schuss nebeneinander. Ein beweglich angebrachtes Blechgebilde umschließt den Magazinschacht und schützt vor Staub und Schmutz. Dass diese Art des Magazinwechsels im Gefecht Vorteile bringt, darf bezweifelt werden. Jedenfalls steht die überaus komplizierte Magazinaufnahme im krassen Widerspruch zum Streben nach einer möglichst einfachen Waffe.

Heute existiert nur noch ein einziges Exemplar mit der Seriennummer 00015. Erma stellte es im Februar 1943 her, hatte aber bereits die Modellbezeichnung EMP 44 festgelegt. Man ging wohl schon von einer Einführung im nächsten Jahr aus. Doch für die Entscheidungsträger schien die Waffe zum damaligen Zeitpunkt schlicht zu »primitiv« zu sein. Sowas wollte man einem deutschen Soldaten (noch) nicht in die Hand geben. Außerdem ruhte noch immer Hoffnung auf dem neuartigen Sturmgewehr 44.

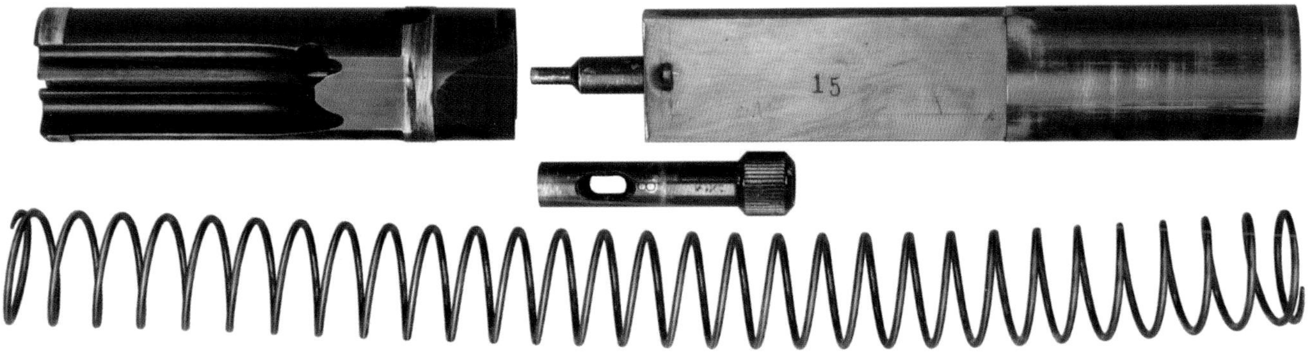

Der Spanngriff dient als Sicherung und blockiert je nach Stellung den Schlagbolzen, der durch die ovale Öffnung reicht.

Anfang 1943 experimentierte Erma mit der Konstruktion einer möglichst einfachen MP. Heraus kam die EMP 44 mit Doppel-Magazinschacht.

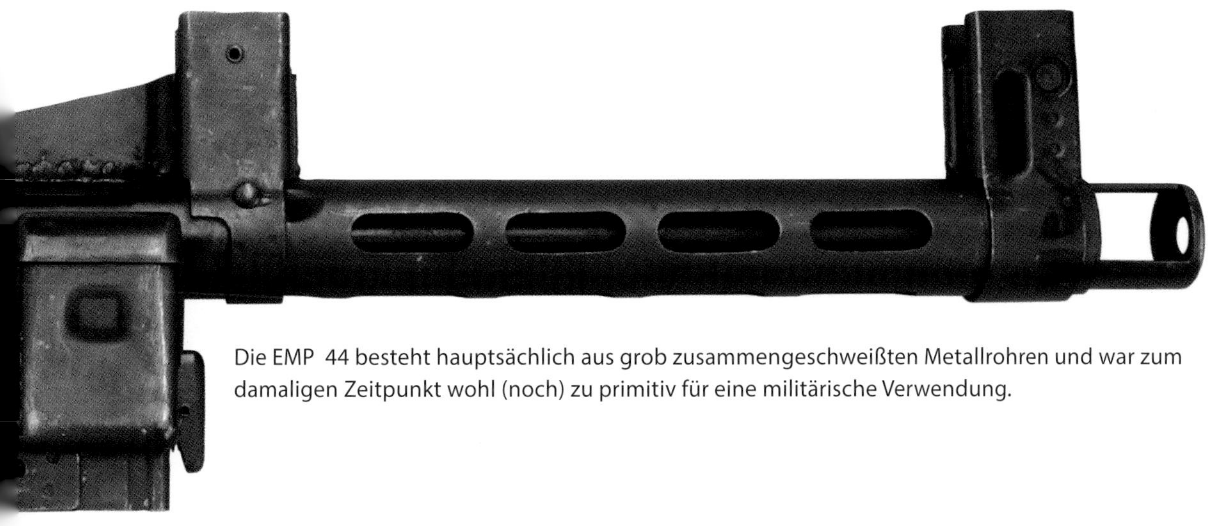

Die EMP 44 besteht hauptsächlich aus grob zusammengeschweißten Metallrohren und war zum damaligen Zeitpunkt wohl (noch) zu primitiv für eine militärische Verwendung.

Volkssturm-Maschinenpistolen

»Gerät Potsdam« und »Gerät Neumünster« (MP 3008)

Angesichts des akuten Waffenmangels in der Spätphase des Krieges erhielt die Firma Mauser im Herbst 1944 einen Auftrag zur Fertigung von 10.000 exakten Kopien der englischen Sten Mk.II. Das Projekt lief unter der Tarnbezeichnung »Gerät Potsdam«. Bereits im November konnten 5.300 Stück fertiggestellt werden und im Dezember folgten 5.100 Stück, dann war der Auftrag erledigt. Mauser erstellte zwei Zeichnungssätze, einen für die Herstellung der Waffe durch erfahrene Waffenfabriken und einen für handwerksmäßige Kleinbetriebfertigung. Das Gerät Potsdam hätte nämlich auch verstreut im ganzen Reich in kleineren lokalen Werkstätten gefertigt werden sollen. Doch dazu kam es nicht. Noch während der laufenden Fertigung erhielt Mauser von der Sonderkommission Infanteriewaffen die Anweisung, das Gerät Potsdam zu vereinfachen und auf das absolut Notwendigste zu beschränken.

Die Waffe barg in der Tat noch Vereinfachungspotential. Wegen des geforderten exakten Nachbaus der Sten Mk.II hatte Mauser keine konstruktiven Änderungen vorgenommen. Nun aber musste alles einfacher werden. Der bewegliche Magazinschacht entfiel, Mauser setzte stattdessen einen festen Blechschacht von unten an. Passend dazu musste der Verschluss umgestaltet und die Öffnung für den Hülsenauswurf nach rechts oben verlegt werden. Eine Laufhaltemutter gab es nicht mehr, da der Lauf nun fest im Gehäuse verstiftet war. Durch die Formänderung am Magazinschacht konnten jetzt die Standard-Magazine der MP 40 verwendet werden (das Gerät Potsdam funktionierte nur mit Sten-Magazinen). Schon im November 1944 legte Mauser den fertigen Zeichnungssatz für die nun »Gerät Neumünster« genannte Waffe vor. Durch die Aufnahme in die Geräteliste als Nummer 1-3-3008 erhielt sie zusätzlich die inoffizielle Bezeichnung »MP 3008«.

Die Volkssturmwaffen sind ein Paradebeispiel für den Realitätsverlust der deutschen Führung: Unmittelbar nach Fertigstellung der Zeichnungen begann auf dem Papier bereits die Verteilung der Waffen. Die Feldzeuginspektion bestellte am 15. November die utopische Menge von 1.000.000 Geräten Neumünster mit Zubehör und Vorratssachen. Bis März 1945 sollten jeden Monat 25.000 Waffen an die Heeres-Zeugämter ausgeliefert werden. Die Planungsvorschau für den Zeitraum März – August(!) 1945 führt gar 100.000 Stück je Monat auf. Die Bürokratie lebte bis zu letzt in einer anderen Welt.

Technische Daten:	
Hersteller:	verschiedene
Produktionszeit:	1944 bis 1945
Kaliber:	9 x 19 mm
Magazinkapazität:	32 Patronen

Mauser fertigte exakte Kopien der englischen Sten Mk.II unter der Tarnbezeichnung »Gerät Potsdam«.

Selbst der schwenkbare Magazinschacht des Vorbilds wurde kopiert.

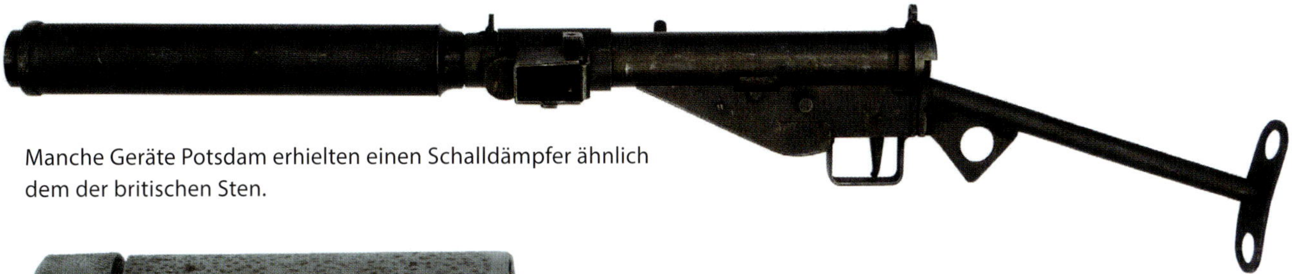

Manche Geräte Potsdam erhielten einen Schalldämpfer ähnlich dem der britischen Sten.

Die deutsche Eigenentwicklung eines Schalldämpfers fiel kompakter aus, aber der Kriegsverlauf verhinderte eine Serienfertigung.

Vorrichtung zum Justieren d. Geräte Potsdam unter Verwendung d. Ziellinienprüfers u. zum An- u. Funktionsbeschuss ohne optische Hilfsmittel

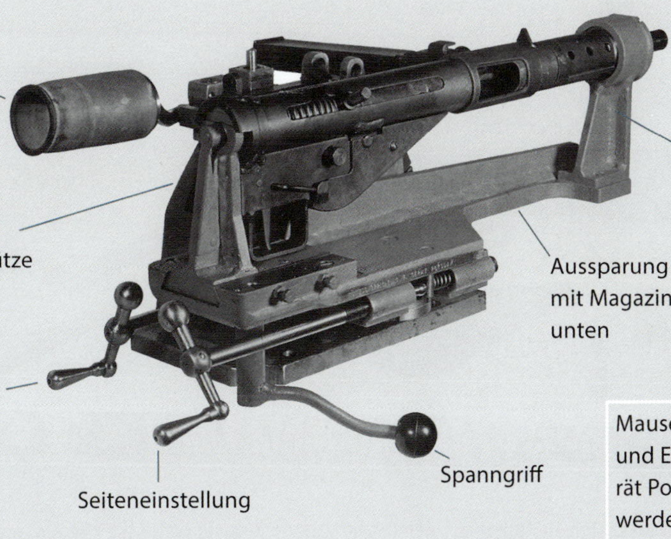

Mauser-Werksfoto des eigenen Justier- und Einschießgeräts, welches für das Gerät Potsdam und die MP 3008 verwendet werden konnte.

Dieses seltene Zwischenmodell entstand beim Übergang vom Gerät Potsam zur MP 3008.

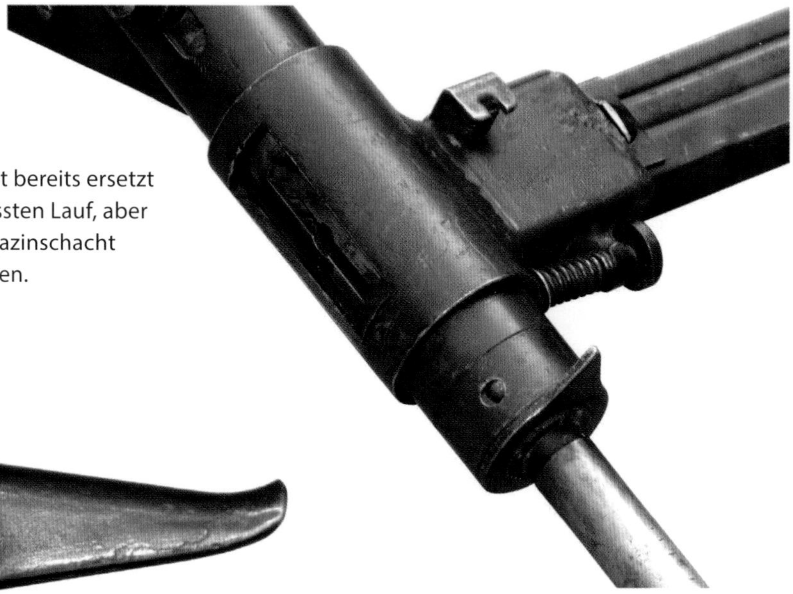

Die Laufhaltemutter ist bereits ersetzt durch einen eingepressten Lauf, aber der schwenkbare Magazinschacht wurde noch beibehalten.

Spärliche Stempelung auf dem Abzugsgehäuse. Der Hersteller ist bislang unbekannt.

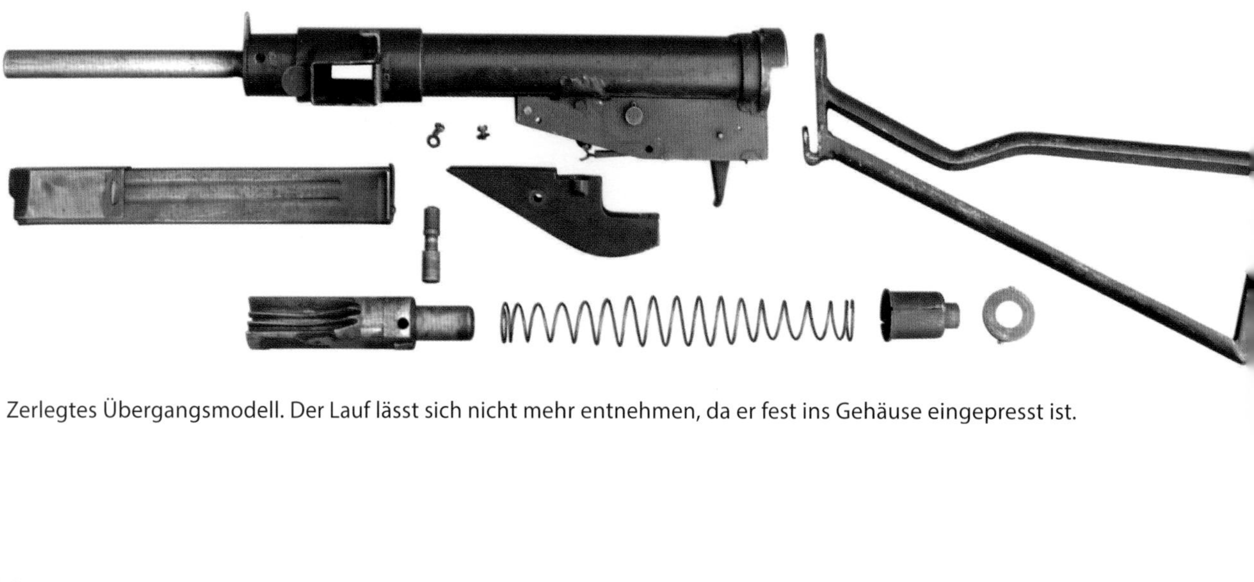

Zerlegtes Übergangsmodell. Der Lauf lässt sich nicht mehr entnehmen, da er fest ins Gehäuse eingepresst ist.

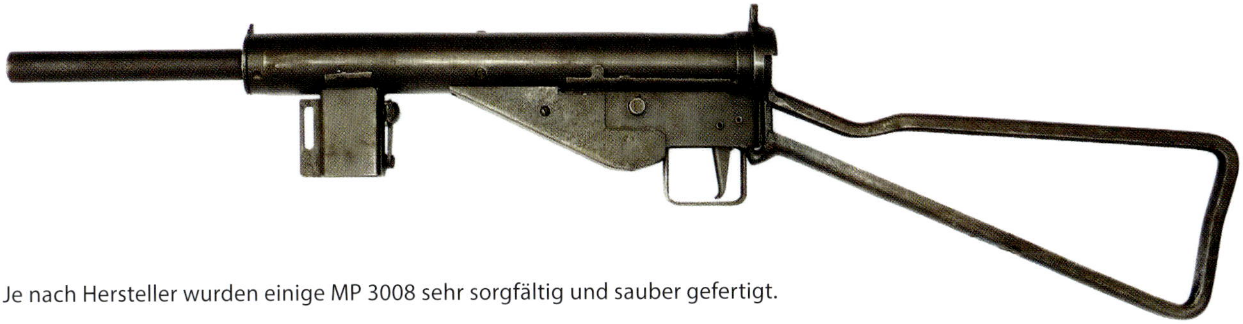

Je nach Hersteller wurden einige MP 3008 sehr sorgfältig und sauber gefertigt.

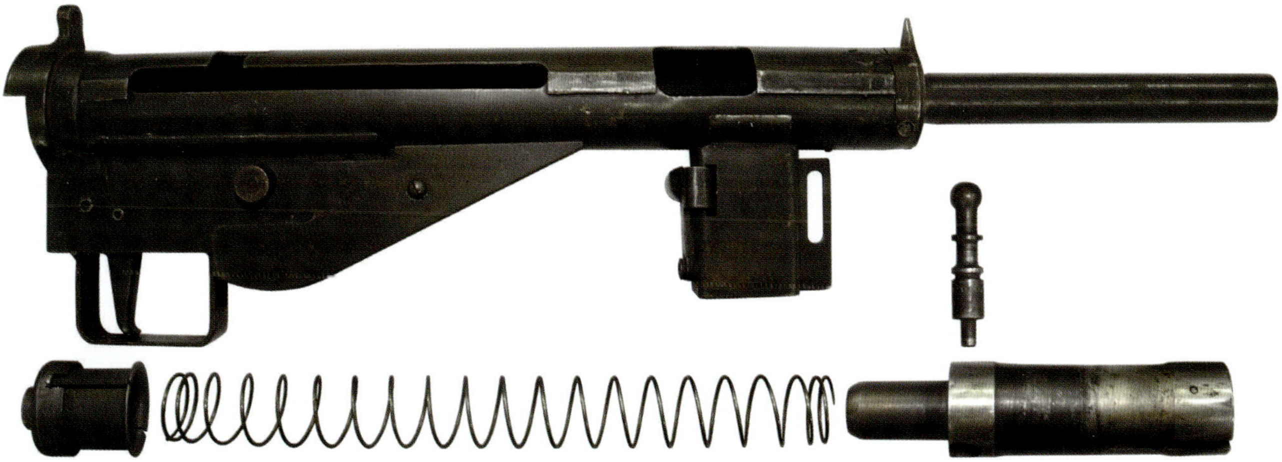

Überall im Reich sollten kleine Werkstätten die MP 3008 herstellen können. Je nach Maschinenausstattung und Materialvorrat unterschieden sich die gefertigten Exemplare erheblich.

Noch radikaler vereinfacht wurde aus dem »Gerät Potsdam« das »Gerät Neumünster«, auch MP 3008 genannt. Mit dieser Waffe sollte der Endsieg doch noch errungen werden.

Seriennummer 2835, Hersteller »thu« und Abnahme-Stempel des Waffenamtes auf einem Magazinschacht.

Auch der bekannte Blankwaffen-Hersteller Carl Eickhorn aus Solingen (»rde«) stellte 1945 einige MP 3008 her.

Die MP 3008 von Blohm & Voss in ihre Einzelteile zerlegt. Die meisten davon sind mit der Seriennummer 232 bestempelt.

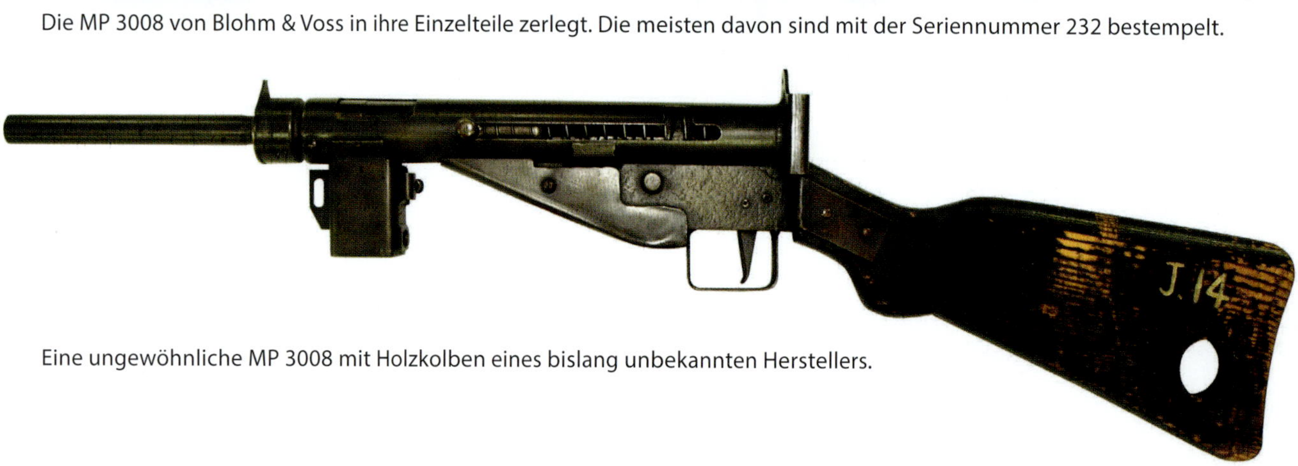

Eine ungewöhnliche MP 3008 mit Holzkolben eines bislang unbekannten Herstellers.

Deutsche Soldaten während des Warschauer Aufstandes im Jahre 1943. Die Bewaffnung ist sehr gemischt: Eine MP 28/II, zwei MP 41 und eine finnische Suomi M/31.

Während des Warschauer Aufstandes gefangene Juden werden durchsucht. Der Soldat ist mit einer MP 28/II bewaffnet.

Österreich

Hellriegel

Eine der frühesten Entwicklungen in Sachen Maschinenpistolen überhaupt ist nur von einigen Archivfotos bekannt. Auch wenn diese Fotos vom Oktober 1915 mit »Maschinengewehr des Standschützen Hellriegel« beschriftet sind, so unterscheidet sich die Waffe doch erheblich von den damaligen Maschinengewehren und bot völlig neue taktische Verwendungsmöglichkeiten. Sie war von einem Mann alleine trag- und bedienbar und gestattete dank des Stangenmagazins ein unabhängiges Agieren im Kampf.

Den Fotos nach zu urteilen war die Waffe ein aufschießender Rückstoßlader. Im geladenen Zustand befindet sich der Verschluss in vorderster Stellung. Die beiden Zapfen am Gehäuseende deuten auf zwei parallele Schließfedern hin. Das sparte Länge. Unterhalb des Mantels um den wassergekühlten Lauf ist ein geschwungener Handgriff erkennbar. So konnte der Schütze das Gewicht mit der anderen Hand besser abstützen.
Technische Daten sind nicht überliefert. Doch auf den Fotos ist zu erkennen, dass die Waffe mit Pis-

Für den mobilen Einsatz konnte Hellriegels Waffe mit einem Stangenmagazin bestückt werden. Bei Verwendung der Patronentrommel war ein Helfer notwendig.

Die Trommel schob die Patronen mittels Federkraft durch das flexible Verbindungsstück in die Waffe. Links oben ist der Halter für die Trommel zu sehen.

tolenmunition geladen wurde. Sehr wahrscheinlich im damaligen Standard-Pistolenkaliber 9 mm Steyr (9 x 23 mm). Die Patronenzufuhr erfolgte nicht mittels Gurt, wie die Trommel im ersten Moment vermuten lässt, sondern lose durch Federdruck. Dazu wurde die Feder in der Trommel wie bei einer Uhr aufgezogen und drückte dann die Patronen nach und nach durch ein flexibles Verbindungsstück in die Waffe. Die große Trommel lässt auf eine Einrichtung für Dauerfeuer schließen. Eine Halterung für die Trommel ist an der Waffe nicht vorhanden, so dass der Schütze zwangsweise aufgelegt schießen oder ein zweiter Mann die Trommel halten musste. Für den mobileren Einsatz stand ein Stangenmagazin mit geringerer Kapazität zur Verfügung.

Warum diese zu ihrer Zeit sehr innovative Waffe in Vergessenheit geriet, ist bis heute ein Rätsel. Sie bot reichlich Potential zur Weiterentwicklung und

Die Waffe im Liegendanschlag. Das Trommelmagazin steht in einer separaten Halterung und ist nur über ein flexibles Verbindungsstück mit der Waffe verbunden.

hätte mit einigen Verbesserungen, wie beispielsweise Umbau auf einen luftgekühlten Lauf, eine gute Waffe für die Grabenkämpfe des Ersten Weltkriegs abgegeben. Doch so sind die drei Fotos alles, was von ihr blieb.

MP 34

Die Maschinenpistole S1-100 basierte auf einem Entwurf des Rheinmetall-Konstrukteurs Louis Stange mit der internen Bezeichnung »MP 20«. Ihre Weiterentwicklung erfolgte bei der Waffenfabrik Solothurn. Es entstanden zahlreiche Varianten, um auch Käufer im Ausland zu finden. So zum Beispiel ein Modell mit extra langem Lauf und Ausführungen in diversen Kalibern wie 9 mm Steyr, 7,63 mm Mauser, 7,65 mm Parabellum, 9 mm Parabellum, 9 mm Mauser oder auch .45 ACP.
Die Entwicklung der S1-100 war zwar schon 1930 abgeschlossen, jedoch begann die eigentliche Großserienfertigung aufgrund personeller Schwierigkeiten in der Waffenfabrik Solothurn erst Ende 1931. Zu Beginn erfolgte die Fertigung in Zusammenarbeit mit der Steyr-Daimler-Puch AG. Im Jahre 1935 wurde die Produktion in Solothurn eingestellt und gänzlich als Lizenzfertigung durch Steyr übernommen. Das Ende der Produktion kam 1940. Restbestände wurden noch bis 1942 abverkauft.
Die MP weisst einige Besonderheiten gegenüber den damals üblichen Konstruktionen auf. So liegt die Schließfeder in einer Bohrung im Holzschaft und ist über eine bewegliche Stange mit dem Verschluss verbunden. Das reduziert die Waffenlänge, schützt vor Verschmutzung und sorgt für eine ausgeglichene Verteilung des Gewichts. Beim Schießen lässt sich die MP sehr gut im Ziel halten. Für einen leichten Zugang zu den beweglichen Innenteilen ist das Gehäuseoberteil als Deckel ausgeführt und lässt sich hochklappen. Besonders ist auch der seitliche Magazinhalter, denn er dient gleichzeitig als Ladestation: Nach dem Einstecken des Magazins von unten kann es per Ladestreifen von oben befüllt werden.
Die ersten verkauften Waffen im Kaliber 9 mm Steyr gingen 1930 an die österreichische Polizei, welche die S1-100 unter der Bezeichnung »MP 30« eingeführt hatte. Ein Variante in 9 mm Mauser wurde 1934 von der österreichischen Armee als »MP 34« eingeführt. Nach dem Anschluss bekam sie die deutsche Beutebezeichnung MP 34(ö) zugewiesen. Die meisten davon besitzen einen Halter für ein Bajonett.
Auch international war die S1-100 ein großer Verkaufserfolg. Chile, El Salvador, Bolivien und Uruguay orderten in den 30er-Jahren eine größere Menge. 1932 bis 1935 kam die Maschinenpistole bereits im Chaco-Krieg zwischen Bolivien und Paraguay zum Einsatz. Portugal erwarb 1935 eine große Anzahl an MPs im Kaliber 7,65 mm Parabellum und führte sie als »Steyr m/935« ein. Später folgten noch weitere Zukäufe an Waffen in 9 mm Parabellum, welche dann als »Steyr m/42« eingeführt wurden. Diese Waffen waren noch bis in die 70er Jahre bei der Guarda Fiscal in Gebrauch. Eine geringe Stückzahl in .45 ACP ging an den südamerikanischen Markt, ausgerüstet mit einem zusätzlichen Vordergriff und einem 25-Schuss-Magazin. Sogar von China und Japan wurde die S1-100 im

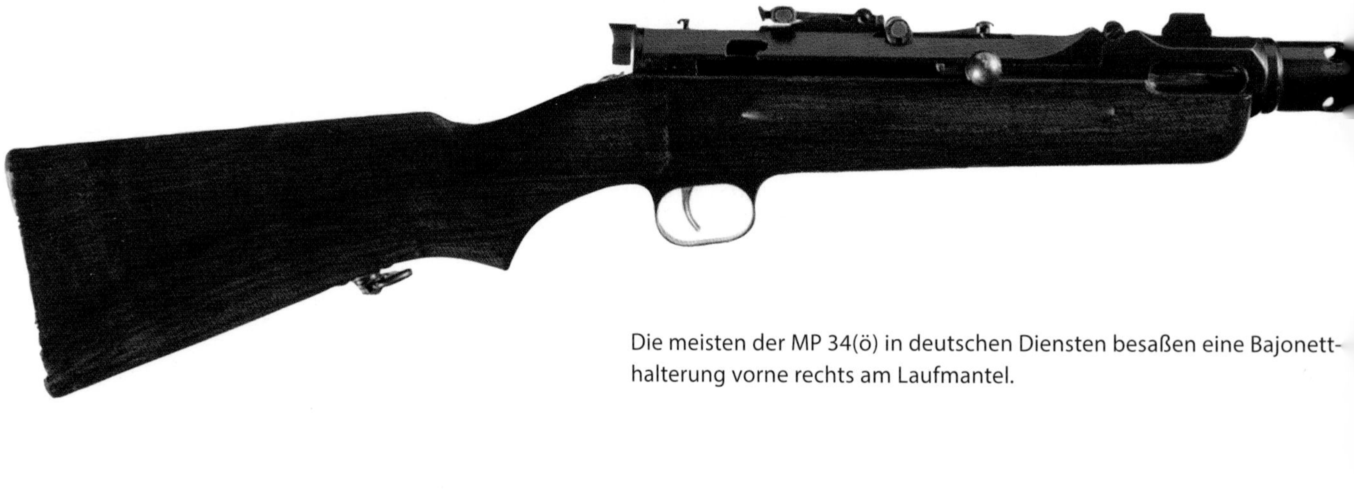

Die meisten der MP 34(ö) in deutschen Diensten besaßen eine Bajonetthalterung vorne rechts am Laufmantel.

Bei der kompakten MP 34 liegt die Schließfeder in einer Bohrung im Holzschaft und ist über eine bewegliche Stange mit dem Verschluss verbunden. Am Scharnier nahe des Magazinschachts kann der Gehäusedeckel aufgeklappt werden.

Kaliber 7,63 mm Mauser im Zweiten Weltkrieg eingesetzt.
Kuriosum: Ende der 20er-Jahre entwickelte die Vereinigte Autogen-Gaswerke GmbH in Wien ein Druckluft-Übungsgerät zur Einsparung der teuren Munition während Ausbildung. Das Gerät besteht aus einem Einstecklauf, welcher von vorne in den Lauf gesteckt wird. Auf seiner rechten Seite befindet sich der Anschluss für den Druckluftschlauch. Die notwendige Flasche trägt der Soldat am Koppel. Die Munitionszuführung erfolgt über ein Trommelmagazin, welches 32 kleine Bleigeschosse enthält.

Technische Daten MP 34(ö):	
Hersteller:	Waffenfabrik Solothurn, Steyr-Daimler-Puch
Produktionszeit:	1938 – 1940
Kaliber:	9 x 19 mm
Länge:	808 mm
Lauflänge:	200 mm
Gewicht (ungeladen):	4,36 kg
Gewicht (geladen):	4,94 kg
Magazinkapazität:	32 Patronen
Feuerarten:	Einzelfeuer, Dauerfeuer
Feuerrate:	500 Schuss/min
Visier:	Schiebevisier 50 – 500 Meter

Gruppenfoto des Wiener Infanterie-Regiments 3. Vor den Karabinern hängt eine MP 34, rechts daneben steht ein Schwarzlose-MG.

Italien

Villar Perosa (Pistola Mitragliatrice Mod 1915)

Die doppelläufige Villar Perosa mit ihrem Spatengriff mutet aus heutiger Sicht ziemlich skurril an. Doch zum Zeitpunkt ihrer Entstehung ahnte noch niemand, dass sie einmal zu den Mitbegründern einer neuen Waffengattung zählen würde. Sie wurde 1914 von Major Abiel Bethel Revelli von Beaumont entwickelt und 1915 bei der Regia Aeronautica eingeführt. Ihr Name rührt vom Ort ihrer Fertigungsstätte her, der Gemeinde Villar Perosa bei Turin. Ursprünglich als Bordwaffe für Flugzeuge entworfen, bewährte sie sich in dieser Rolle nicht. Die verwendete Pistolenmunition hatte eine zu geringe Reichweite und zeigte zu wenig Wirkung im Ziel. Zudem war die Feuerrate mit 1.200 bis 1.500 Schuss/min viel zu hoch – ein kurzer Druck auf den Abzug leerte bereits das ganze Magazin. Schon 1916 wurden die Bestände ans Heer abgegeben, wo sie (oft mit Stahlschutzschilden versehen) zunächst an Stelle eines leichten MGs als Defensivwaffen eingesetzt wurden.

Doch schnell stellte sich heraus, dass Reichweite, Durchschlagsleistung sowie Genauigkeit der Villar Perosa auch für diesen Einsatzzweck zu gering waren. Ein Helfer war ständig mit dem Wechseln und Füllen der 25-Schuss-Magazine beschäftigt. Es gab für den infanteristischen Einsatz auch weder Schulterstütze noch einen praktikablen Pistolengriff. Aufgrund ihres geringen Gewichts von ca. 6,5 kg wurde die Villar Perosa mit einem speziellen Gestell, welches sie vor der Brust des Schützen fixierte, ab 1917 im Gebirgskrieg erfolgreich bei Sturmangriffen eingesetzt.

Die Waffe verfügt über zwei Daumenabzüge, mit denen die Läufe unabhängig voneinander abgefeuert werden können. So bleibt Zeit zum Magazinwechsel am anderen Lauf. Waren nicht genügend aufmunitionierte Magazine zur Hand, konnte auch nur der Deckel des Magazins aufgeklappt und die Patronen von oben eingefüllt werden. Der zylindrische Verschlusskörper rotiert dank einer schrägen Steuerkurve am Gehäuse um 45 Grad. Die Schließfeder bedient gleichzeitig den Vorlauf des Masseverschlusses wie den separaten Schlagbolzen. Den Rücklauf nach dem Schuss dämpft eine Hartgummischeibe ab. Das Geräusch durch die extrem hohe Feuerrate brachte der Waffe den Spitznamen »pernacchia« (Furzer) ein.

Technische Daten:	
Hersteller:	Officini di Villar Perosa
Produktionszeit:	1915 - 1917
Kaliber:	9 x 19 mm Glisenti
Länge:	533 mm
Lauflänge:	318 mm
Gewicht (ungeladen):	6,5 kg
Gewicht (geladen):	7,4 kg
Magazinkapazität:	2 x 25 Patronen
Feuerarten:	Dauerfeuer
Feuerrate:	1.200 – 1.500 Schuss/min

Einsatz der Villar Perosa bei einer Radfahrabteilung. Der Lenker diente gleich als Lafette.

Deutsche Soldaten beschießen mit einer erbeuteten Villar Perosa deren vormalige Besitzer.

Nur wenige originale Villar Perosas haben bis heute überlebt. Die meisten wurden zu einläufigen automatischen Gewehren umgebaut.

Ursprünglich als Bordwaffe für Flugzeuge entworfen, dienten die meisten Villar Perosas bei den Bodentruppen. Das Zweibein verlieh einen stabilen Stand.

Beretta M 1918 und OVP

Nachdem sich die doppelläufige Villar Perosa im infanteristischen Einsatz nicht bewährte, blieben zahlreiche Exemplare ungenutzt in den Depots liegen. Das war natürlich eine Verschwendung von Ressourcen, und so machten sich 1918 zwei Firmen an die Arbeit, um daraus doch noch einsatztaugliche Waffen zu formen. Beiden Umbauten gemein war die Teilung der Villar Perosa in einläufige Waffen. Das System wurde in einen Holzschaft gebettet, erhielt einen Abzugsmechanismus und eine Visierung über Kimme und Korn. Die Magazinzuführung von oben blieb bestehen, ebenso das Kaliber in 9 x 19 mm Glisenti.

Eine der beteiligten Firmen war Beretta, in deren Diensten sich kein Geringerer als Tullio Marengoni um den Umbau kümmerte. Er sollte für Beretta in den folgenden Jahrzehnten noch viele bekannte Pistolen- und Maschinenpistolen-Modelle entwickeln. Aus der halbierten Villar Perosa entstand so die Beretta Maschinenpistole Modell 1918. Vom Aussehen her einem Karabiner ähnlich, mit Holzschaft und unter dem Lauf befindlichem ausklappbaren Bajonett. Von oben steckt das Magazin im System und direkt darunter befindet sich der Auswurfschacht für die leeren Hülsen. Allerdings machte die hohe Kadenz den Einbau eines Verzögerungsmechanismus notwendig: Erst nach Überwinden eines bestimmten Widerstandes kann sich die Verschlussgruppe in Bewegung setzen. Ansonsten wäre die Waffe beim Feuerstoß nicht beherrschbar gewesen. Die Konstruktion funktionierte zuverlässig, und so wurden sämtliche Villar Perosas ausgeschlachtet und bei Beretta umgebaut.

Auch der Hersteller der Villar Perosa versuchte sich an einem einläufigen Umbau seiner ursprünglichen Waffe. Das Ergebnis nannte sich Moschetto Automatico OVP und war etwas aufwendiger zu fertigen als die Beretta 1918. Das Spannen geschieht nicht über einen seitlichen Spanngriff, sondern mittels einer über das Gehäuse geschobenen, geriffelten Manschette. Wie bei einer Repetierflinte zieht man sie bis zum Anschlag zurück und schiebt sie dann wieder vor. Die Waffe verfügt über zwei Abzüge, der vordere für Dauerfeuer und der hintere für Einzelfeuer. Leider hatte man sich mit der Entwicklungsarbeit zu viel Zeit gelassen, denn inzwischen hatte Beretta schon die meisten verfügbaren Villar Perosas für sich eingesammelt. Die Officini di Villar Perosa musste sich also mit dem Rest begnügen und dementsprechend wenig Exemplare wurden gebaut.

Technische Daten Beretta M 1918:	
Hersteller:	Pietro Beretta SpA
Produktionszeit:	1918
Kaliber:	9 x 19 mm Glisenti
Länge:	776 mm
Lauflänge:	318 mm
Gewicht (ungeladen):	3,26 kg
Gewicht (geladen):	3,72 kg
Magazinkapazität:	25 Patronen
Feuerarten:	Einzelfeuer, Dauerfeuer
Feuerrate:	900 Schuss/min
Visier:	

Technische Daten OVP:	
Hersteller:	Officini di Villar Perosa (OVP)
Produktionszeit:	1920
Kaliber:	9 x 19 mm Glisenti
Länge:	900 mm
Lauflänge:	279 mm
Gewicht (ungeladen):	3,67 kg
Gewicht (geladen):	4,08 kg
Magazinkapazität:	25 Patronen
Feuerarten:	Einzelfeuer, Dauerfeuer
Feuerrate:	900 Schuss/min
Visier:	Standkimme 100 Meter

Beretta teilte die Villar Perosa und fertigte daraus das einläufige Modell 1918.

Die Beretta M 1918 mit Magazin.

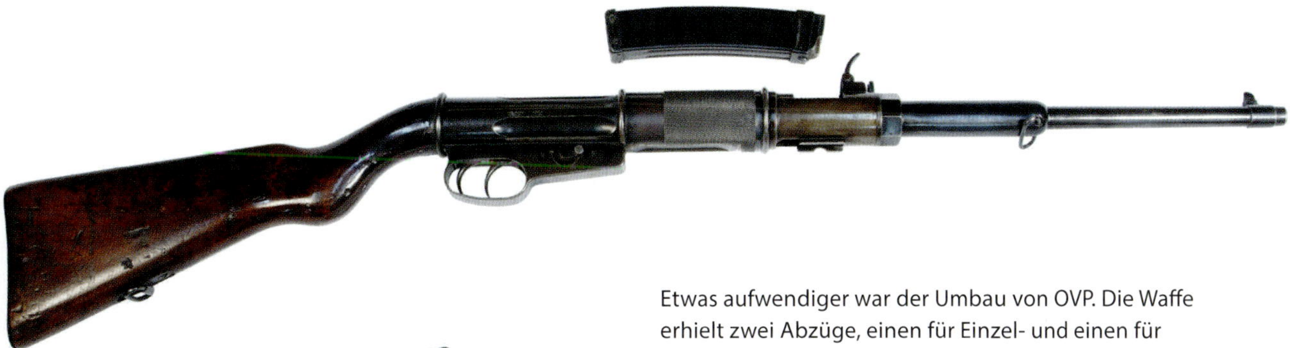

Etwas aufwendiger war der Umbau von OVP. Die Waffe erhielt zwei Abzüge, einen für Einzel- und einen für Dauerfeuer.

Das Spannen geschieht wie bei einer Repetierflinte durch Zurückziehen der geriffelten Manschette.

Beretta Maschinenpistolen

Nach dem Ausbruch des Spanischen Bürgerkriegs forcierten die Italiener die Neuentwicklung einer leistungsfähigen Maschinenpistole. Im Jahre 1938 wurde ein Entwurf von Beretta angenommen und ging in die Serienfertigung. Dieses Modell 38 mit gefrästem Gehäuse, durchgehender Holzschäftung und perforiertem Laufmantel entspricht dem typischen Erscheinungsbild einer MP dieser Zeit. Interessantes Detail: die M 38 verfügt über einen Doppelabzug, der vordere ist für Einzelfeuer, der hintere für Dauerfeuer. Eine weitere Besonderheit bildet der nicht am Verschlussblock befestigte Spanngriff. Nach dem Spannen wird er von Hand nach vorne geschoben und verbleibt dort während des Schießens. Er bewegt sich nicht bei jedem Schuss vor und zurück.

Der weitere Verlauf der Krieges machte auch Italien zu schaffen und zwang zu Vereinfachungen im Waffenbau. Bei der Beretta entfielen der Laufmantel, der Bajonetthalter und der Doppelabzug, und wo möglich ersetzten Blechprägeteile den gefrästen Stahl. Die Form der Mündungsbremse wurde mehrmals überarbeitet. Der mantellose Lauf erhielt zunächst eingefräste Längsrillen zur besseren Kühlung, welche aber bald wieder entfielen: Zu viel Aufwand für zu wenig Nutzen. Nach und nach entstand eine verwirrende Zahl an Varianten, unter anderem auch für den Export an Verbündete wie Rumänien.

Italienische Partisanen mit Beretta-MP und Carcano-Karabiner posieren für ein Foto.

In deutschen Diensten kamen die Berettas unter der Bezeichnung MP 738(i) und 739(i) zum Einsatz. Zwischen Mitte 1944 und Kriegsende immerhin rund 150.000 Stück. Die Produktion wurde noch bis lange nach dem Zweiten Weltkrieg fortgesetzt. In den 50er-Jahren erwarb der Bundesgrenzschutz die Beretta und führte sie als MP 1. Und 1955 gingen 740 Stück davon an die neue Bundeswehr.

Technische Daten Modell 1938:	
Hersteller:	Fabbrica d'Armi Pietro Beretta
Produktionszeit:	ab 1938
Kaliber:	9 x 19 mm
Länge:	950 mm
Lauflänge:	315 mm
Gewicht (ungeladen):	4,2 kg
Magazinkapazität:	10, 20, 30, 40 Patronen
Feuerarten:	Einzelfeuer, Dauerfeuer
Feuerrate:	500 – 600 Schuss/min
Visier:	Schiebevisier bis 500 Meter

Nach Wegfall des Laufmantels sollten eingefräste Längsrillen im Lauf die Kühlung fördern. Dieser Aufwand beim Modell 1938/42 erwies sich aber als unnötig.

Die Berettas sind die wohl bekanntesten italienischen Maschinenpistolen. Das frühe Modell 1938 besitzt noch einen Laufmantel und einen Bajonetthalter.

Nach dem Krieg tat die Beretta als »MP 1« Dienst beim Bundesgrenzschutz und der frühen Bundeswehr.

TZ-45

Während des Zweiten Weltkriegs schafften es nur wenige Firmen, mit ihren eigenen Maschinenpistolen auf dem von Beretta dominierten Markt Fuß zu fassen. Lediglich das Modell 1943 der Fabbrica Nazionale Armi di Brescia und die TZ-45 der Armaguerra Cremona gingen in die Serienfertigung.
Auf den ersten Blick wirkt die TZ-45 wie eine typische Maschinenpistole ihrer Zeit: Eine einfache Konstruktion, bestehend aus Blechprägeteilen um ein röhrenförmiges Gehäuse. Die ausziehbare Schulterstütze ähnelt der M3 Grease Gun. Im eingeschobenen Zustand ruhen die Enden ihrer beiden Bügel in einer unter dem Lauf befindlichen Halterung. Beim Schießen aus Fahrzeugluken verhinderte diese Halterung außerdem ein versehentliches Zurückziehen der Waffe. Ganz wie bei der deutschen MP 40.
Doch die TZ-45 hat noch etwas Besonderes: Eine automatische Griffsicherung. So etwas hatte es bis dato noch an keiner Maschinenpistole gegeben. Die Brüder Tonon («Toni«) und Zorzoli Giandoso ersannen für ihre Waffe eine sehr simple, aber effektive Sicherung, die auch noch von alleine aktiv wurde. Sie besteht aus einem gefederten L-förmigen Hebel, der in die Verschlussbahn ragt und so den Verschluss blockiert. Erst wenn die zweite Hand den Magazinschacht fest umschließt und dabei den Hebel nach vorne drückt, wird die Ver-

Die automatische Griffsicherung blockiert zuverlässig den Verschluss. Erst ein Drücken des L-förmigen Hebels gibt die Verschlussbahn frei.

Trotz Berettas Dominanz auf dem Markt stellte die Firma Armaguerra Cremona fast 6.000 Stück ihrer TZ-45 her. Die meisten davon gingen an Einheiten der R.S.I. (Repubblica Sociale Italiana) in Norditalien.

Auch bei den Partisanen war die TZ-45 wegen ihrer einfachen Konstruktion und ihrer Zuverlässigkeit beliebt. Der Kamerad rechts ist mit einer britischen Sten Mk.II bewaffnet.

Technische Daten:	
Hersteller:	Armaguerra Cremona
Produktionszeit:	1944 – 1945
Kaliber:	9 x 19 mm
Länge (Schaft eingeklappt):	552 mm
Länge (Schaft ausgeklappt):	845 mm
Lauflänge:	254 mm
Gewicht (ungeladen):	3,2 kg
Gewicht (geladen):	4,1 kg
Magazinkapazität:	40 Patronen
Feuerarten:	Einzelfeuer, Dauerfeuer
Feuerrate:	800 Schuss/min
Visier:	Lochkimme 100 Meter

schlussbahn freigegeben. Sobald der Schütze seine Hand lockert, schnappt der Hebel wieder zurück und die Waffe ist gesichert. Doch die Sache hat auch einen Nachteil: Einhändiges Schießen, beispielsweise nach einer Verwundung, ist nicht möglich. Und ermüdete die Hand im Gefecht, begann der Verschluss am Hebel zu streifen und führte zu Störungen.

Trotz aller Widrigkeiten und des nahenden Kriegsendes schafften es die Brüder Giandoso, in der eigenen Firma «Armaguerra Cremona« noch fast 6.000 Waffen herzustellen. Ein Großteil davon ging an die zur Partisanenbekämpfung eingesetzten Einheiten der R.S.I. (Repubblica Sociale Italiana) in Norditalien. Nach dem Krieg gelangten einige Waffen zur Erprobung nach England und in die USA, wurden dort aber als veraltet abgeurteilt. Die burmesische Regierung hingegen kaufte die Rechte an der Konstruktion und führte die Waffe als «BA-52« in ihrer Armee ein.

Finnland

Suomi M/31

Die »Suomi« ist die wohl bekannteste finnische Waffe des Zweiten Weltkriegs. Sie steht noch heute für außerordentliche Qualität und Präzision. Und sie lehrte die russischen Invasoren das Fürchten. Ihr Konstrukteur, Aimo Lahti, kam durch seine Tätigkeit als Waffenmeister im Jahre 1921 mit der damals in Finnland verwendeten Bergmann MP 18 in Kontakt. Er befand diese Waffen für zu schwer, unhandlich und viel zu teuer in der Herstellung. Lahti spielte mit dem Gedanken, eine bessere Maschinenpistole zu konstruieren. Bereits 1923 schickte er einen eigenen Prototyp an das Verteidigungsministerium. Die Waffe wurde abgelehnt. Sie war eben noch nicht ausgereift – aber sie barg großes Potential.
Lahti arbeitet unbeirrlich an der Perfektionierung seiner Maschinenpistole weiter. Verbesserungen und Ideen ließ er sich unverzüglich patentieren. Von seinem Modell M/26 im Kaliber 7,65 x 21 mm erwarb die Armee 90 Stück. Weitere Verbesserungen und ein Wechsel auf das stärkere Kaliber 9 x 19 mm führten schließlich zur »9,00 konepistooli M/31«, wie die Waffe in der Armee offiziell benannt wurde. Umgangssprachlich war sie einfach die »Suomi«.
Die MP ist eine sehr robuste, ja fast unzerstörbare Waffe. Sehr zuverlässig und einfach in der Handhabung. Erkauft wird dies durch eine aufwendige Fertigung aus hochwertigen Materialien, viel Handarbeit und einem Leergewicht von 4,7 kg bzw. über 7 kg mit der 71-Schuss-Trommel. Das Gehäuse mit einer Wandstärke von stolzen 6 mm ist komplett aus einem Schmiedestück herausgefräst. Ab 1942 wurde nur noch die Version mit der neuen Mündungsbremse als »M/31 SJR« gefertigt.
Der Laufmantel lässt sich nach Öffnen eines Riegels abziehen, um den Lauf zu tauschen. Diese Befestigung war in der Fertigung aufwendig, machte sich aber im Einsatz bezahlt. Manchmal standen ein einzelner finnischer MP-Schütze und ein paar magazinfüllende Helfer gegen hundert Russen. Im Kampf war es nicht ungewöhnlich, den Lauf und sogar den Laufmantel der M/31 buchstäblich rotglühend zu schießen. War kein Putzstock zur Hand, konnte der Laufmantel mit der Schneide eines Puukko-Messers losgedreht, abgestreift und dann der heiße Lauf mit der Spitze des Puukko he-

Die Suomi M/31 lehrte die Rote Armee das Fürchten.

Einpassen der Abzugseinheit während der Fertigung bei Tikkakoski Oy. Man könnte meinen, es handle sich um eine sorgfältige Jagdwaffenfertigung zu Friedenszeiten.

Aimo Lahtis Modell M/26 mit dem auffälligen 36-Schuss-Kurvenmagazin kam im Krieg bei rückwärtigen Einheiten zum Einsatz.

rausgestoßen werden. Jede Maschinenpistole wurde deshalb mit zwei für sie justierten Läufen ausgeliefert. Es war sogar in Notfällen erlaubt, ein im Lauf steckengebliebenes Geschoss durch Abfeuern einer weiteren Patrone zu entfernen. Und sollte einmal der Auszieher am Verschluss abbrechen, kann die M/31 auch ohne ihn noch weitergeschossen werden – man muss die Waffe nur so halten, dass die Auswurföffnung nach unten zeigt.

Speziell für die Verwendung in engen Bunkern entwickelte Lahti 1939 die sogenannte »Korsu-Suomi« mit verlängertem Laufmantel (385 mm), einem Pistolengriff anstelle des langen Holzkolbens und einem seitlich nach links versetzten Visier. Die Ausführung M/31S, ebenfalls mit Pistolengriff, wurde mit einem speziellen Laufmantel in die Front der Panzer vom Typ Christie und Vickers eingebaut.

Die finnische Armee erwarb insgesamt 56.847 Stück. Tikkakoski Oy exportierte die M/31 auch in zahlreiche Länder, unter anderem nach Deutschland, wo die Waffe vor allem bei der Waffen-SS Verwendung fand. Andere Länder wie Schweden oder die Schweiz erwarben Lizenzrechte für eine eigene Fertigung. Gegen Kriegsende sollte die Waffe durch einen Nachbau der blechernen russischen PPS-43 abgelöst werden, doch der Krieg war zu Ende, bevor dieses Modell M/44 zur Auslieferung kam.

Technische Daten M/31:	
Hersteller:	Tikkakoski Oy
Produktionszeit:	1931 bis 1953
Kaliber:	9 x 19 mm
Länge M/31:	870 mm
Länge M/31 SJR:	925 mm
Lauflänge:	314 mm
Gewicht M/31 (ungeladen):	4,7 kg
Gewicht M/31 (geladen):	7,1 kg (mit Trommelmagazin)
Magazinkapazität:	Stangen 20, 50 und Trommeln 40, 70
Feuerarten:	Einzelfeuer, Dauerfeuer
Feuerrate:	800 – 900 Schuss/min
Visier:	Schiebevisier 100 – 500 Meter

Die frühe Suomi M/31 besaß noch ein Zweibein und einen hölzernen Vordergriff. Beides wurde jedoch bald als überflüssig betrachtet.

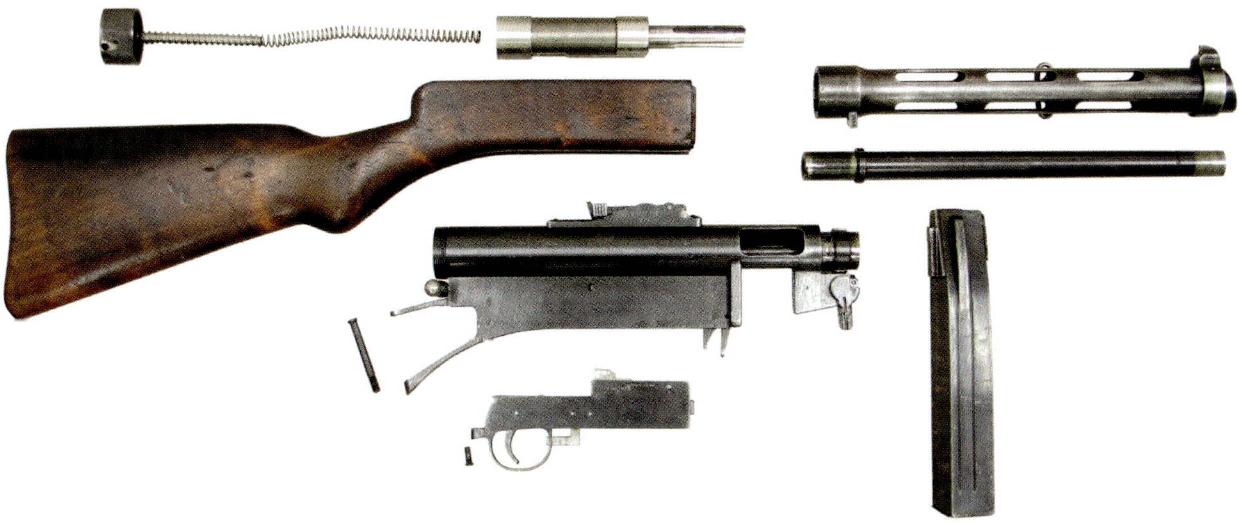

Die Suomis waren aufwendig aus gefrästem Stahl gefertigt und fast unzerstörbar. Aber auch dementsprechend teuer. [Leszek Erenfeicht]

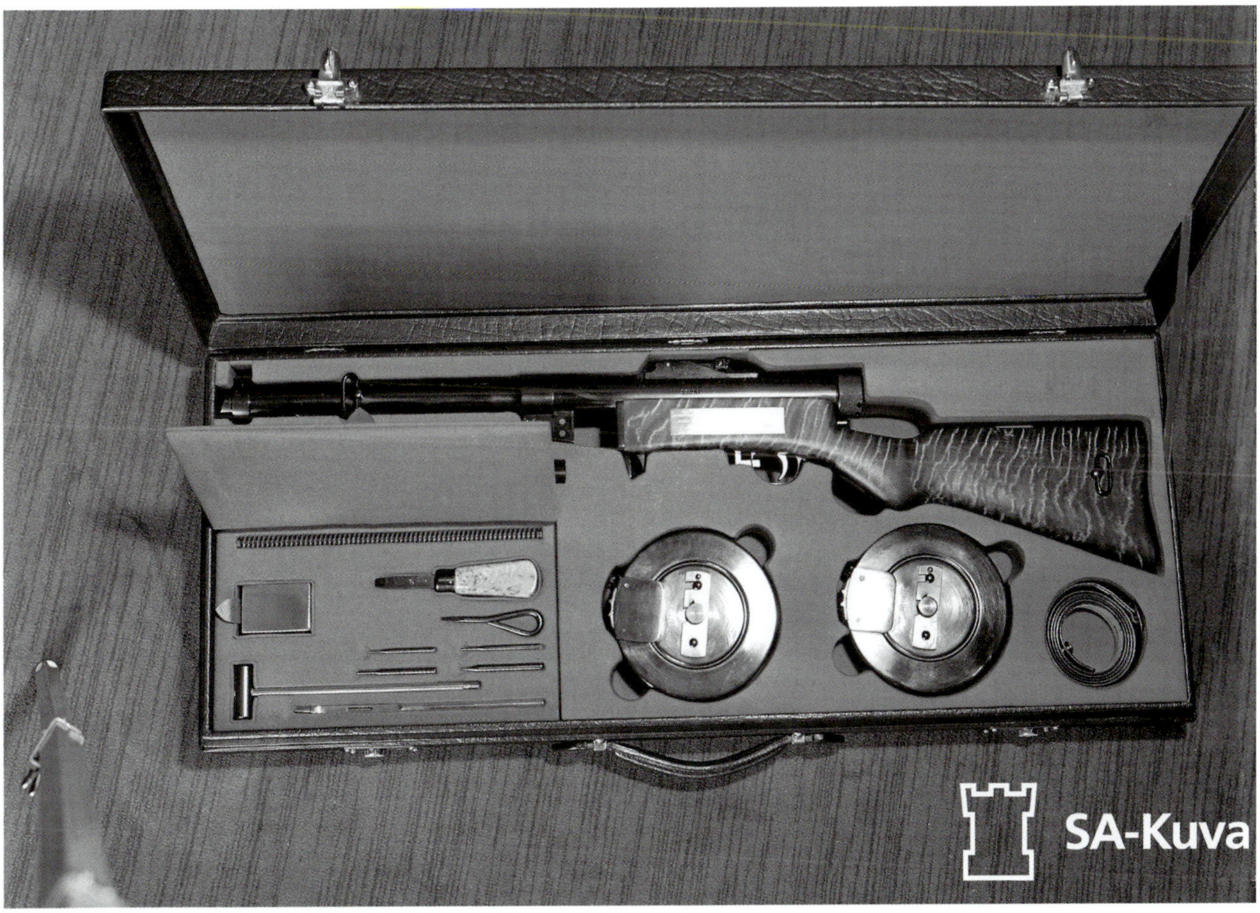

Der finnische Staatspräsident Mannerheim schenkte Hitler eine M/31 (Seriennummer 35298) mit Zubehör im Koffer.

Für den Einsatz in engen Bunkern mit Schießscharten entstand die »Korsu Suomi« mit Pistolengriff und langem, seitlich geschlossenen Laufmantel.

Viele Korsu-Suomis wurden nachträglich mit Standardschäften versehen und im normalen Kampfeinsatz verwendet. Hier werden russische Erdbunker nach versteckten Soldaten durchsucht (September 1941).

Im Gegensatz zum russischen Vorbild klappt das Griffstück der M/44 erst hinter dem Magazinschacht ab.

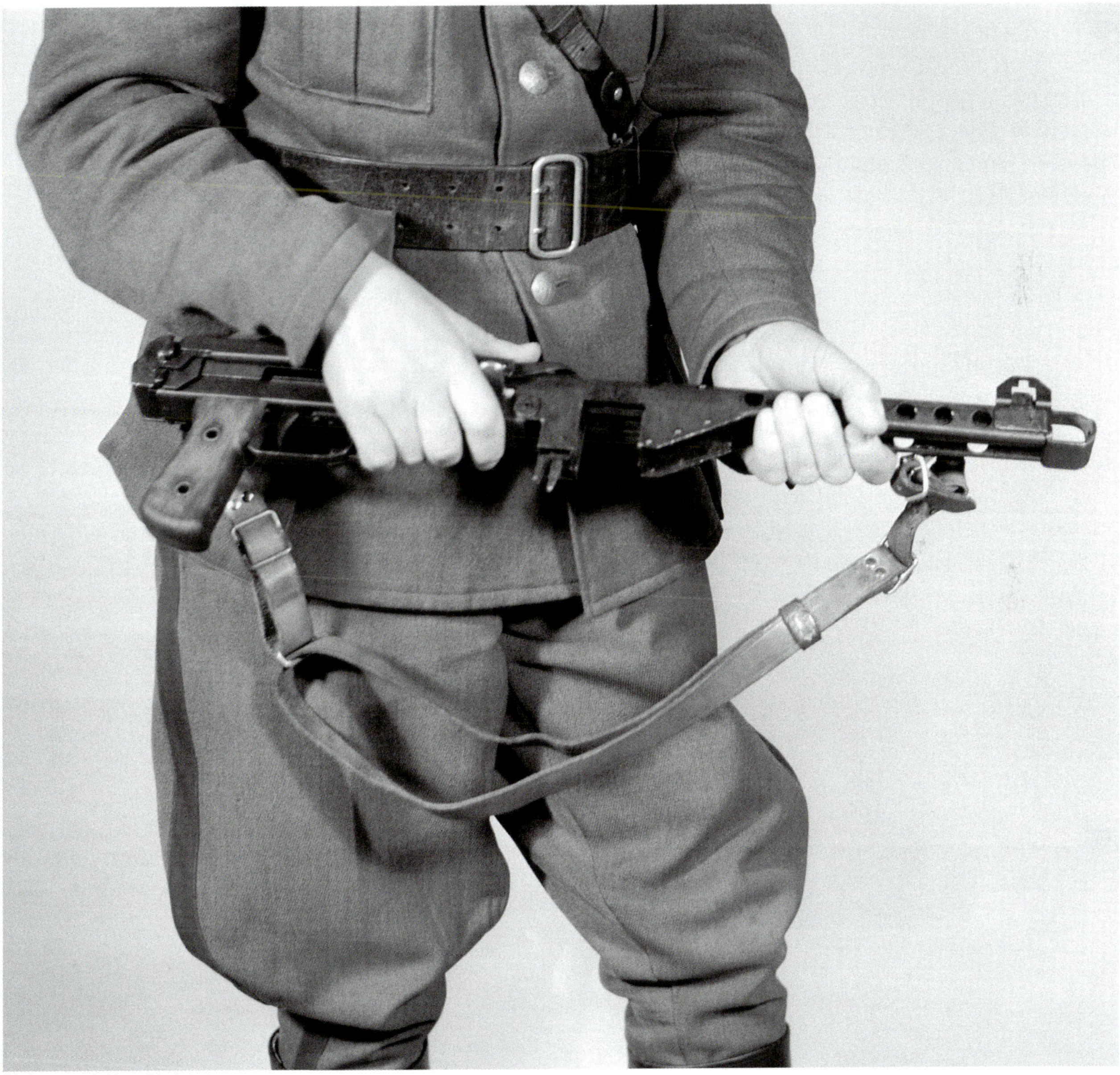

Kurz vor Kriegsende sollte die Suomi durch das Modell M/44 abgelöst werden. Doch dazu kam es nicht mehr. Die M/44 war eine Kopie der russischen PPS 43.

Tschechien

ZK 383

Die tschechische ZK 383 stammt aus einer Zeit, als die taktische Rolle einer Maschinenpistole noch nicht ganz klar war. Dementsprechend sieht die Waffe auch aus, nämlich eher wie ein leichtes Maschinengewehr (lMG). Nur eben eingerichtet zum Verschuss einer Pistolenpatrone. Als die Brüder Josef und Frantisek Koucký Mitte der 30er-Jahre an dieser Waffe arbeiteten, schwebte ihnen eine leichte Unterstützungswaffe für die Infanterie vor, die je nach Bedarf als MP oder lMG verwendet werden konnte. Dementsprechend erhielt sie auch ein abklappbares Zweibein und einen leicht wechselbaren Lauf. Um ein Schießen im Liegen zu ermöglichen, erfolgt die Patronenzufuhr aus einem seitlich eingesteckten Stangenmagazin für 30 bzw. 40 Schuss. Insgesamt ist die Konstruktion sehr robust ausgeführt – und ziemlich lang und schwer.

Eine Besonderheit der ZK 383 ist die Möglichkeit zur Änderung der Feuerrate: In einer Ausnehmung im Verschluss sitzt ein Metallgewicht. Entnimmt man dieses Gewicht, erhöht sich die Feuerrate von 450 auf 750 Schuss/min. Der Druck auf den Abzug bestimmt den Feuermodus. Kurzes Ziehen bewirkt Einzelfeuer, langes Durchziehen sorgt für Dauerfeuer.

Technische Daten ZK 383:	
Hersteller:	Ceskoslovenská Zbrojovka
Produktionszeit:	1938 bis 1966
Kaliber:	9 x 19 mm
Länge:	875 mm
Lauflänge:	325 mm
Gewicht (ungeladen):	4,25 kg
Gewicht (geladen):	4,83 kg
Magazinkapazität:	30 Patronen
Feuerarten:	Einzelfeuer, Dauerfeuer
Feuerrate:	450 und 750 Schuss/min
Visier:	Schiebevisier 100 – 800 Meter

Für Československá Zbrojovka war die ZK 383 ein erfolgreicher Exportschlager. Größere Stückzahlen gingen nach Venezuela, Bolivien und auf den Balkan, und selbst unter deutscher Besatzung lief die Fertigung in Brünn weiter. Wehrmacht und vor allem die Waffen-SS nutzten sie unter der Bezeichnung MP 393(t). Die Polizeiausführung ZK 383 P ohne Zweibein fand wenig Verbreitung. Nach dem Krieg entstand daraus die ZK 383 H mit von unten eingestecktem Magazin. Erst 1966 endete die Produktion, und vier Jahre später erwarb Bulgarien noch die restlichen Lagerbestände.

Durch ein entnehmbares Gewicht im Verschluss lässt sich die Kadenz von 450 auf 750 Schuss/min verändern.

Mit ihrem Zweibein und dem langen Gehäuse wirkt sie eher wie ein leichtes MG: die tschechische ZK 383.

Auch unter deutscher Besatzung lief die Fertigung weiter. Die Firma hieß nun Waffenwerke Brünn AG.

Frankreich

MAS 38

Technische Daten MAS 38:	
Hersteller:	MAS (Manufacture d'Armes de Saint-Étienne)
Produktionszeit:	1939 – 1949
Kaliber:	7,65 x 20 mm
Länge:	635 mm
Lauflänge:	224 mm
Gewicht (ungeladen):	2,87 kg
Gewicht (geladen):	3,35 kg
Magazinkapazität:	32 Patronen
Feuerarten:	Dauerfeuer
Feuerrate:	600 Schuss/min
Visier:	Klappkimme 100 und 200 Meter

Frankreich hatte zwar im Ersten Weltkrieg die Wirkung der deutschen Maschinenpistolen zu spüren bekommen, aber die militärische Führung schenkte dieser Entwicklung nur wenig Aufmerksamkeit. In der Zwischenkriegszeit ging die Entwicklung neuer Infanteriewaffen nur langsam voran. Ein großer Teil des Wehretats floss stattdessen in den Ausbau der aufwendigen Maginot-Linie.

In den frühen 20er-Jahren experimentierte die Section Technique de l'Armée, kurz »STA«, mit einer Maschinenpistole im Kaliber 9 x 19 mm. Die Technik glich der deutschen MP 18, nur war die Waffe leichter und besaß ein Zweibein unter dem Lauf. Die Waffe konnte bei der Erprobung überzeugen, und im Jahre 1924 erhielt die staatliche Waffenfabrik MAS (Manufacture d'Armes de Saint-Étienne) einen Auftrag zur Herstellung dieser nun als »STA 1924« bezeichneten MP. Aus unbekannten Gründen stoppte die Armee jedoch die Fertigung nach der Auslieferung von etwa eintausend Stück.

MAS als erfahrener Waffenhersteller begann daraufhin mit der Entwicklung einer eigenen Maschinenpistole. Mitte der 30er-Jahre führte Frankreich die Pistole Modèle 1935 im Kaliber 7,65 x 20 mm Longue ein. Deshalb sollte auch die neue Maschinenpistole für dieses Kaliber eingerichtet werden, obwohl die Patrone deutlich schwächer war als die in Europa weit verbreitete 9-mm-Konkurrenz. Im Ernstfall war somit auch die Verwendung von Beutemunition ausgeschlossen. Angesichts der Bedrohung durch den deutschen Nachbarn führte das französische Verteidigungsministerium die Waffe im Jahre 1938 als neue Standard-MP mit der Bezeichnung »Pistolet Mitrailleur MAS modèle 38« (MAS 38) offiziell ein. Der Anlauf der Serienfertigung ging nur langsam voran, und bis zur Kapitulation Frankreichs im Juni 1940 konnte nur eine geringe Stückzahl gefertigt werden.

Technisch bietet die MAS 38 als zuschießende Waffe mit unverriegeltem Masseverschluss wenig Innovatives. Auffällig ist der charakteristische »Knick« zwischen Lauf und Gehäuse mit Schulterstütze. Auf diese Weise sollte eine angenehme Schießhaltung möglich sein und ein Steigen der Mündung bei Feuerstößen reduziert werden. Die Schließfeder läuft in einer Bohrung im Holzkolben, der Spanngriff dient als Staubschutzabdeckung, und auch der Magazinschacht kann mit einem Klappdeckel verschlossen werden, wenn kein Magazin eingeführt ist. Die Kimmen lassen sich bei Nichtgebrauch einklappen. Als Sicherung dient der Abzug: nach vorne geklappt blockiert er die Verschlussbahn.

Unter deutscher Besatzung lief die Fertigung dank der unzerstörten Produktionseinrichtungen wieder an. Hauptabnehmer der nun als MP 722(f) bezeichneten Waffe war neben der Wehrmacht das französische Vichy-Regime. Während der Besatzungszeit wurden je nach Quelle 20.000 bis 30.000 Stück hergestellt. Am 28. April 1945 wurde der Diktator Benito Mussolini von italienischen Partisanen mit einer MAS 38 erschossen. Auch nach dem Zweiten Weltkrieg ging es mit der Fertigung der MAS 38 weiter. Die französische Fremdenlegion benutzte sie noch im Indochinakrieg, bevor sie von der MAT 49 abgelöst wurde.

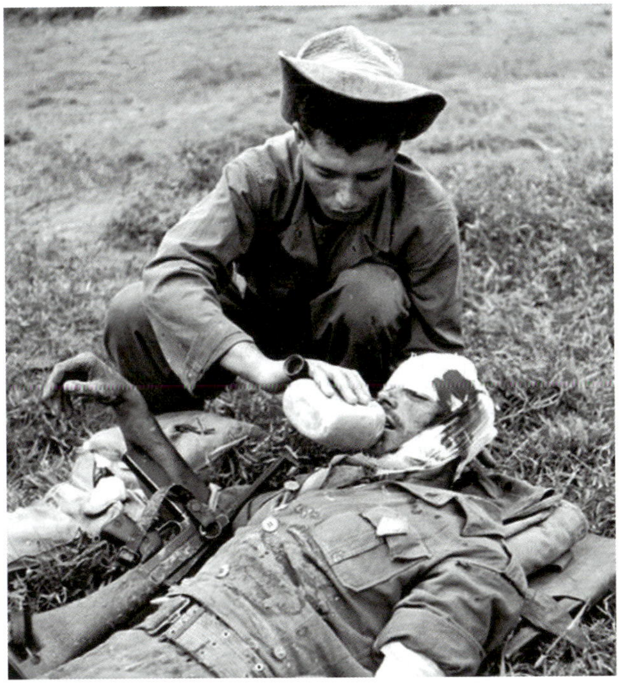

Ein Einheimischer versorgt einen verwundeten Franzosen, neben dem seine MAS 38 liegt.

Nach dem Krieg nutzten die Franzosen die MAS 38 auch bei den Kämpfen in Indochina.

Bei Nichtgebrauch kann der Magazinschacht mit einem Klappdeckel verschlossen werden.

Die MAS 38 mit ihrem auffälligen »Knick« zwischen Lauf und Gehäuse mit Schulterstütze, der eine angenehme Schießhaltung ermöglichen soll.

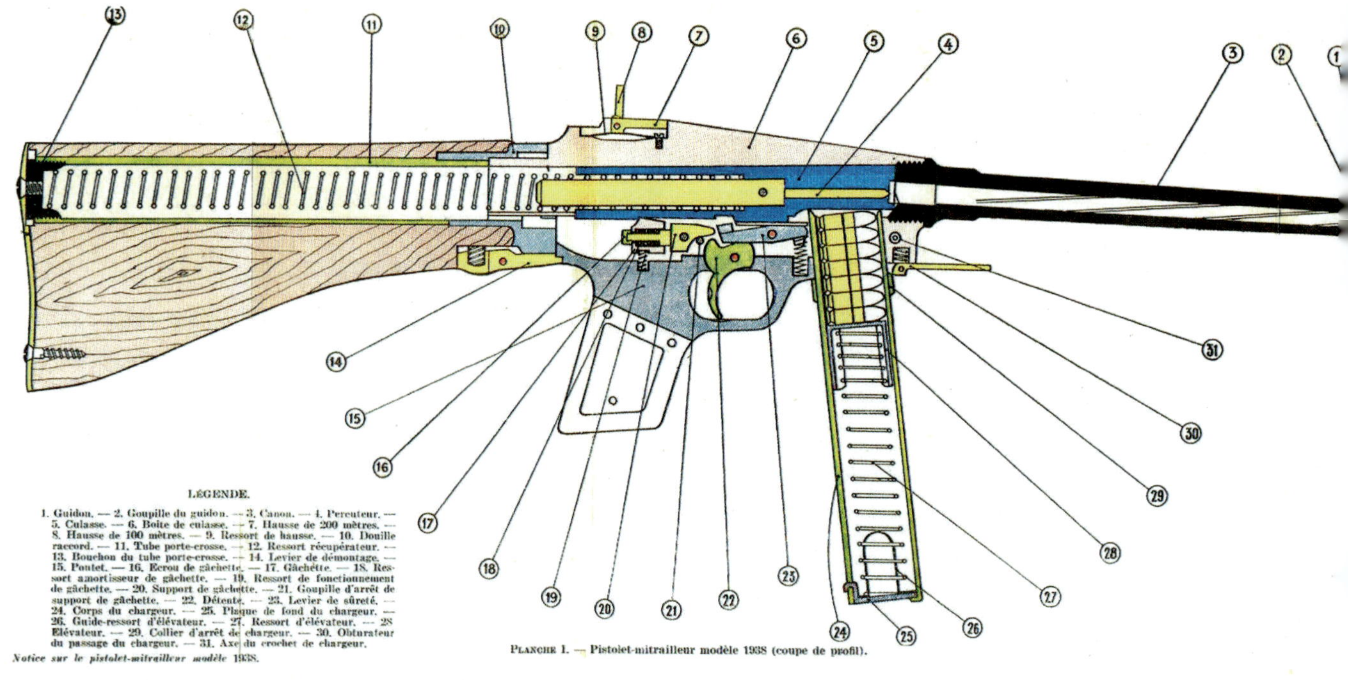

Schnittzeichnung der MAS 38 aus einer französischen Dienstvorschrift.

Im Griffstück ist der Bolzen sichtbar, der bei vorgeklapptem Abzug in eine Ausnehmung im Verschluss greift und diesen in seiner Stellung blockiert.

Auf deutscher Seite fand sie als MP 722(f) Verwendung, wie hier bei der SS-Sondereinheit Dirlewanger.

Nach Eindrücken des gefederten Hebels lässt sich der Holzkolben drehen und abnehmen.

Die beiden Klappkimmen für 100 und 200 Meter lassen sich bei Nichtgebrauch flach einklappen.

Die MAS 38 feldmäßig zum Reinigen zerlegt. Die lange Schließfeder läuft in einer Bohrung im Holzkolben und wird hinten durch einen Metalleinsatz stabilisiert.

Großbritannien

Lanchester

Obwohl sich Maschinenpistolen auf deutscher Seite in den Grabenkämpfen des Ersten Weltkrieges bewährt hatten, förderte das britische Militär solche Entwicklungen nicht. Erst nach Ausbruch des Zweiten Weltkriegs erkannte man das Potential dieser Waffen, und so entstand die erste britische Maschinenpistole eher als Notgeburt denn als durchdachte Entwicklung. Unter Zeitdruck und mangels eigener Vorarbeiten griff man auf die deutsche MP 28/II zurück. Auf dieser Basis entwickelte George Herbert Lanchester die nach ihm benannte Waffe. Sie wurde ab April 1941 bei Sterling Engineering Ltd. in Dagenham (Essex) produziert. Die MP Lanchester wurde fast nur an die Royal Navy ausgegeben und sah wenig Einsatz im Gefecht. Das Heer hatte nämlich schon amerikanische Thompsons angekauft und entschied sich danach lieber für die viel handlichere Sten-MP. Die Lanchester-Produktion endete nach rund 80.000 Stück und die Waffe blieb noch bis in die 70er Jahre im Dienst der Marine.

Die MP Lanchester Mk I weicht in einigen Details von der MP 28/II ab. Auffälligster Unterschied ist der aus Messing gefertigte massive Magazinhalter. Zur Tarnung wurde er zwar grüngrau lackiert, aber die Farbe nutzte sich schnell wieder ab. Die Form des Holzschaftes entspricht der des Lee-Enfield-Gewehrs No.1 Mk III. Dank des Bajonetthalters konnte das lange Bajonett P 1907 auf die MP aufgeplanzt werden, auch wenn der praktische Nutzen gegen Null tendiert. Im Gegensatz zur deutschen MP, deren Gehäuse sich über einen Druckknopf

Technische Daten:	
Hersteller:	Sterling Engineering Ltd.
Produktionszeit:	ab 1941
Kaliber:	9 x 19 mm
Länge (ohne Bajonett):	751 mm
Länge (mit Bajonett):	1.283 mm
Lauflänge:	200 mm
Gewicht (ungeladen):	4,3 kg
Gewicht (geladen)	5,4 kg
Magazinkapazität:	50 Patronen
Feuerarten Mk I:	Einzelfeuer, Dauerfeuer
Feuerarten Mk I*:	Dauerfeuer
Feuerrate:	600 Schuss/min
Visier Mk I:	Schiebevisier bis 600 Yards
Visier Mk I*:	Klappkimme 100 und 200 Yar

Alleine die Magazintasche mit drei gefüllten Magazinen wiegt über 3 Kilo. Viele Lanchester-Schützen besorgten sich deshalb die kürzeren Magazine der Sten-MP.

Eine kanadische Kommandoeinheit übt für den D-Day. Mit Bajonett und langem Magazin war die Lanchester ein unhandliches Monstrum.

abkippen lässt, verfügt die Lanchester über einen zur Seite schwingenden Entriegelungshebel.
Die Lanchester war eine robuste Waffe, aber auch sehr schwer. Ihre aufwendige Fertigung erforderte zahlreiche Fräsarbeiten. Etwas Erleichterung brachte der Wegfall des Feuerwahlhebels bei der entfeinerten Lanchester Mk I* und ein Ersatz des Schiebevisiers durch ein einfaches Klappvisier. Letztendlich konnte sie nicht gegen die MP Sten bestehen, die auf einfachste Massenfertigung ausgelegt war. Die kürzeren Sten-Magazine konnten auch in der Lanchester verwendet werden, da das Schießen mit dem seitlich eingeführten, über 1 kg schweren 50-Schuss-Stangenmagazin sehr unangenehm war.

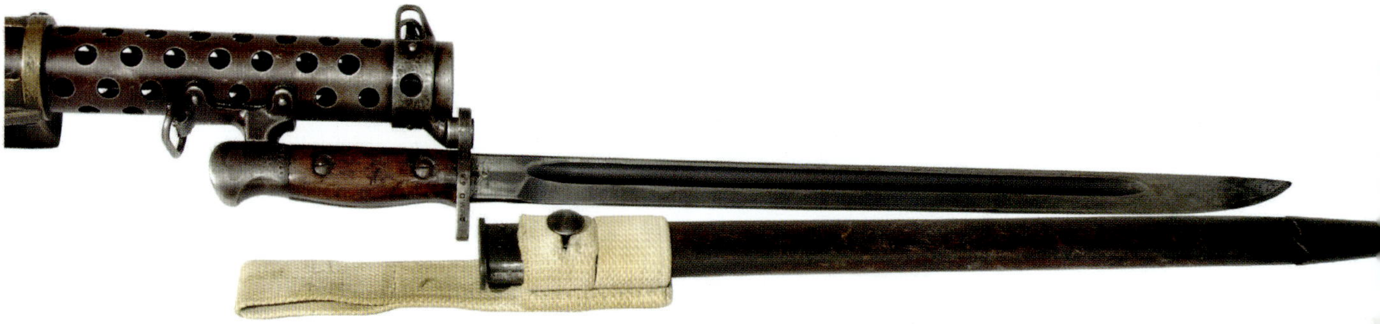

MP Lanchester mit Bajonett Pattern 1907.

Die anfangs verwendeten Schraubverbindungen lösten sich gerne. Dieses Griffstück wurde deshalb am Gehäuse festgeschweißt.

Die vereinfachte Serienausführung Mk.1* mit Klappvisier, aber noch mit altem gebogenem Spanngriff. In der Übergangszeit kamen diverse Mischvarianten vor.

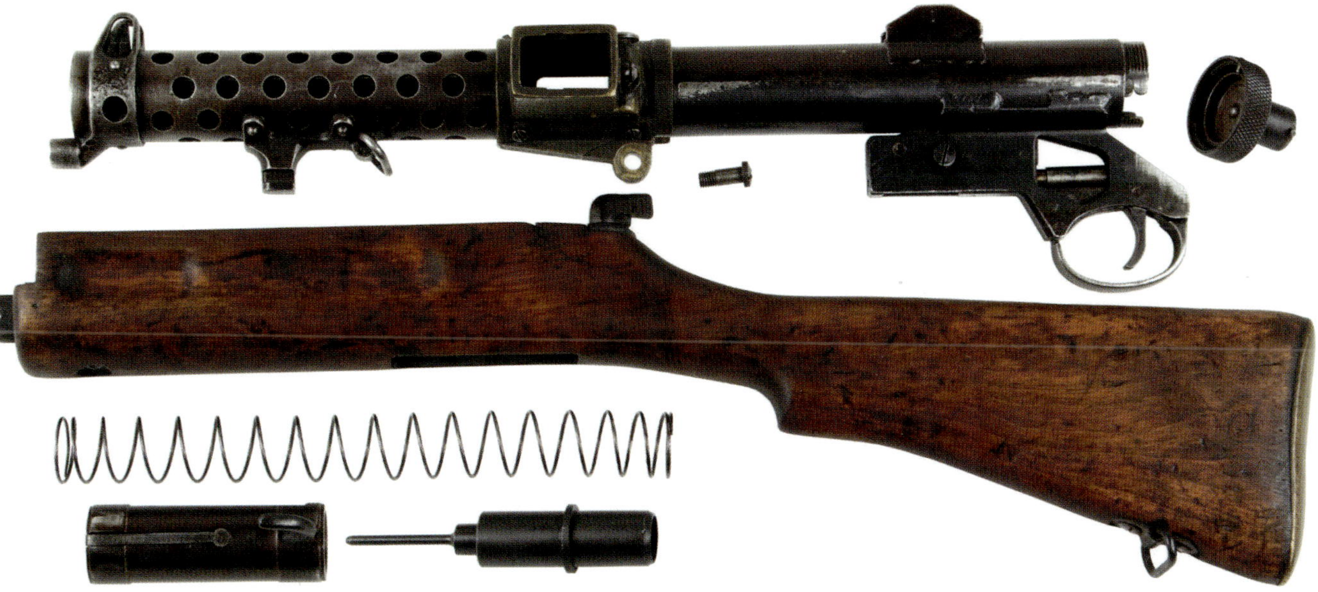

Die Lanchester in Einzelteilen. Gut zu sehen die separate Schlagbolzeneinheit, welche in den Verschluss eingeführt wird.

Markierungen auf dem Magazinschacht einer Mk.1*. Der Stempel »BOSS« steht für die Fertigung bei The Boss Company.

Sten

Fast zeitgleich mit der Entwicklung der Lanchester arbeiteten die Briten an einer neuen, besser für die Massenproduktion geeigneten Waffe. Heraus kam die Sten, die zu einer der berühmtesten Waffen des Krieges werden sollte. Ihre Väter waren Reginald V. Shepherd und Harold J. Turpin. Der Name »Sten« setzt sich zum einen aus deren Anfangsbuchstaben und zum anderen aus »en« für England zusammen. Wie die Lanchester ein zuschießender Rückstoßlader mit Masseverschluss und fest im Stoßboden integriertem Schlagbolzen, gilt die Sten als Wunderwerk an konstruktionstechnischer Vereinfachung. Das Visier besteht nur noch aus einem groben Korn und einer Lochkimme für 100 Yards. Das Gehäuse besteht aus geformtem Stahlblech statt aus Frästeilen und die Schulterstütze aus einem Stück Stahlrohr. Somit wiegt die Sten rund 1,5 Kilo weniger als die Lanchester.

Die Sten Mk.I besaß noch einen hölzernen Vorderschaft, doch bereits bei der Mk.II wurde darauf verzichtet. Ihre Produktion begann im August 1941, und bis Kriegsende reichten die Modellbezeichnungen bis zur Mk.V, wobei jede Baureihe wiederum Verbesserungen und Varianten beinhaltete. Der Produktionsausstoß war enorm: Beim größten Endmonteur, der staatlichen Waffenfabrik in Fazakerley, liefen über 2,5 Millionen Stens vom Band. Schon im Februar 1944 gab es mehr als vier Millionen Stück allein aus britischer Fertigung. Neben schneller Herstellung bestachen die geringen Kosten – für den Preis einer Thompson erhielten die Briten sechs Stens.

Durch die für Widerstandsgruppen über dem Festland abgeworfenen Waffen hatte sich auf deutscher Seite rasch ein großer Bestand an Stens angesammelt. Doch sie waren den Deutschen erstmal zu primitiv und wurden im Reichssicherheitshauptamt in Paris eingelagert. Erst Ende 1942 begann deren Verteilung als MP 749(e) an diverse SS-Organisationen und SS-Einheiten im Reich und in den besetzten Gebieten. Auch SS-Obersturmbannführer Otto Skorzeny, bekannt für seine Kommandounternehmen, erhielt mit einer Waffenlieferung im Oktober unter anderem 100 Stens.

In mehreren besetzten Ländern inspirierte die Sten findige Widerständler zum Nachbau. So entstanden je nach Werkzeug und Geschick qualitativ mehr oder weniger gute Kopien. Die dänischen Untergrundexemplare sind fast baugleich, während sich die Polen mit ihrer Blyskawica nur annähernd an das Vorbild hielten.

Technische Daten Sten Mk.II:	
Hersteller:	Fazakerley, Theale, BSA, Enfield, u.a.
Produktionszeit:	ab 1941
Kaliber:	9 x 19 mm
Länge:	755 mm
Lauflänge:	196 mm
Gewicht (ungeladen):	2,8 kg
Gewicht (geladen)	3,5 kg
Magazinkapazität:	32 Patronen
Feuerarten:	Einzelfeuer, Dauerfeuer
Feuerrate:	500 Schuss/min
Visier:	Lochkimme 100 Yards

Ein Kanadier lädt im April 1945 während der Kämpfe um das niedersächsische Munderloh die Magazine seiner Sten Mk.II nach.

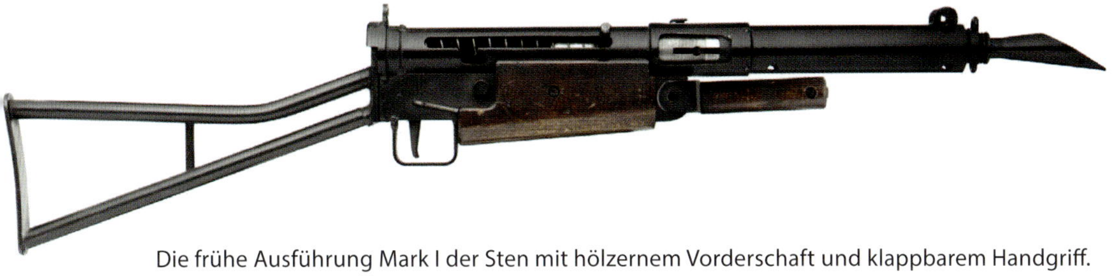

Die frühe Ausführung Mark I der Sten mit hölzernem Vorderschaft und klappbarem Handgriff.

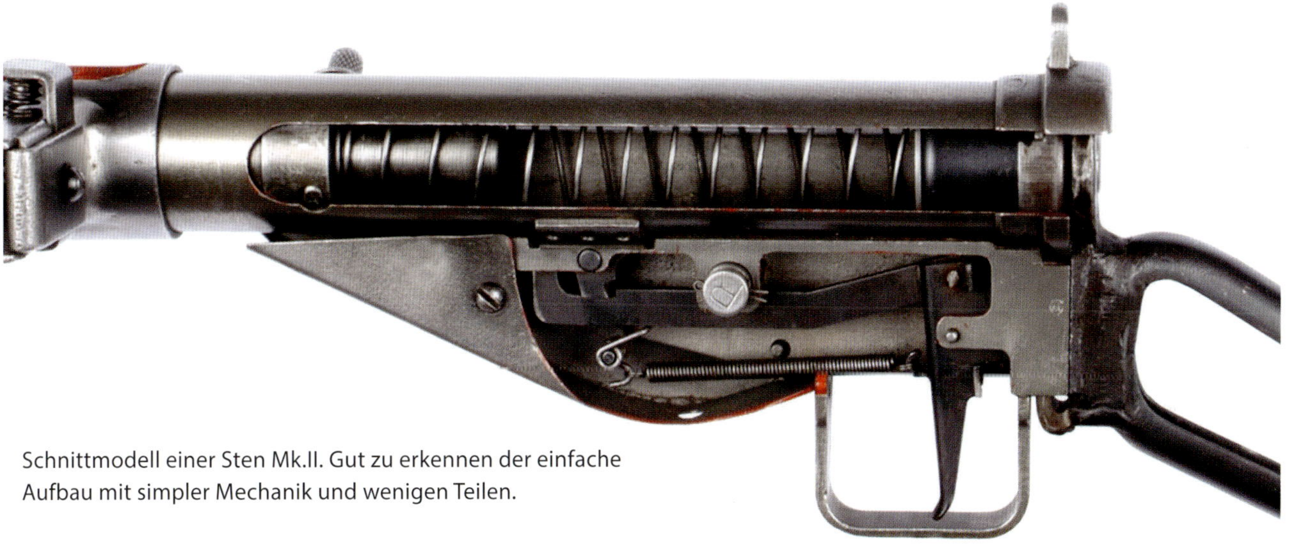

Schnittmodell einer Sten Mk.II. Gut zu erkennen der einfache Aufbau mit simpler Mechanik und wenigen Teilen.

Millionenfach hergestellt und oft kopiert: die Sten Mk.II mit ihrem charakteristischen drehbaren Magazinschacht.

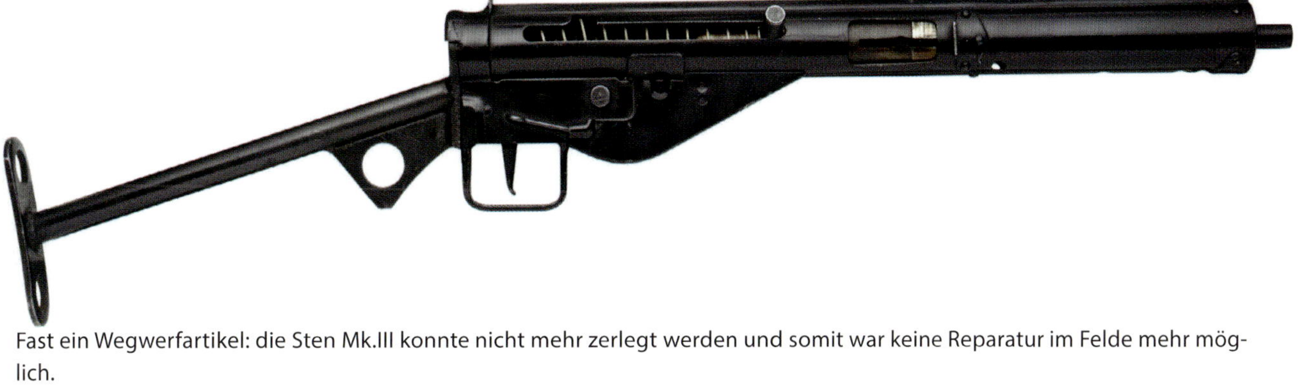

Fast ein Wegwerfartikel: die Sten Mk.III konnte nicht mehr zerlegt werden und somit war keine Reparatur im Felde mehr möglich.

Russland

PPD 34 und 34/38

Die Entwicklung von Maschinenpistolen begann in der Sowjetunion bereits Mitte der 20er-Jahre, aber bedingt durch die konservative Einstellung der Generalität geschah dies nur schleppend und ohne Nachdruck. Die im Jahre 1935 begonnene Produktion der vom bekannten Waffenkonstrukteur Wassili Alexejewitsch Degtjarjow entwickelten PPD 1934 wurde bereits Anfang 1939, nach gerade mal knapp 5.000 Stück, wieder gestoppt und alle bereits ausgelieferten Waffen kamen in die Depots. Es bedurfte erst der bitteren Erfahrungen im finnisch-russischen Winterkrieg 1939/40, um die Generalität die Notwendigkeit einer solchen Waffe erkennen zu lassen. Degtjarjow durfte somit 1940 mit der Produktion seiner verbesserten Modelle PPD 1934/38 und PPD 1940 beginnen.
Die PPDs erfreuten sich bei der Truppe großer Beliebtheit, vor allem aufgrund des großen Patronenvorrats der 71-Schuss-Trommel. Mit ihr verfügte der Schütze beim Angriff über eine beachtenswerte Feuerkraft.

Technische Daten 34/38:	
Hersteller:	verschiedene
Produktionszeit:	1934 – 1940
Kaliber:	7,62 x 25 mm
Länge:	779 mm
Lauflänge:	269 mm
Gewicht (ungeladen):	3,73 kg
Gewicht (geladen):	5,69 kg (mit Trommelmagazin)
Magazinkapazität:	71 Trommel, 25 Stangenmagazin
Feuerarten:	Einzelfeuer, Dauerfeuer
Feuerrate:	800 Schuss/min
Visier:	Schiebevisier 50 – 500 Meter

Erst das verbesserte Modell 1940 kam in größeren Stückzahlen an die Front und erfreute sich bald großer Beliebtheit. Die Trommel mit 71 Patronen verlieh eine enorme Feuerkraft.

Einem durchschlagenden Erfolg der PPD 34 stand die konservative Einstellung der Generalität im Weg.

Komplettierung von PPD 40 in einer Fabrik im sibirischen Stalinks (heute Nowokusnezk).

PPSh 41

Keine fünf Monate nach dem deutschen Einmarsch in die Sowjetunion begann dort die Serienfertigung einer Maschinenpistole, die am Ende mit ihren wohl über 5 Millionen produzierten Exemplaren die mit Abstand bekannteste sowjetische Maschinenpistole aus dem Zweiten Weltkrieg werden sollte: Die PPSh 41.

Die PPDs waren in der Herstellung zeit- und kostenaufwendig und die Produktion kam der ständig steigenden Nachfrage nicht nach. Im August 1940 durfte Schpagin der Artillerie-Kommission einige Prototypen seiner eigenen in der Zwischenzeit entwickelten MP vorstellen. Bei einem Vergleichsschießen im November bestach seine Waffe durch ihre einfachere Handhabung, das geringere Gewicht (3,6 kg) und die fertigungstechnischen Vorteile. Letztere dürften dann wohl auch den Ausschlag gegeben haben, denn die Herstellung einer Schpagin-MP dauerte mit 5,5 Stunden nur noch halb so lange wie die einer PPD 1940. Sie bestand aus nur noch 87 Einzelteilen, und die Zahl der benötigten Schmiedestahl-Komponenten reduzierte sich von 14 auf lediglich 5.

Am 21. Dezember 1940 wurde Schpagins Maschinenpistole unter der offiziellen Bezeichnung »7,62 mm Pistoljet-Pulemjot Schpagina obrastsa 1941 goda« = 7,62 mm Maschinenpistole Schpagin, Modell 1941 als neue Ordonnanz-MP in die Bewaffnung der Roten Armee übernommen. In großen Mengen mit einfachen Mitteln schnell herzustellen, konnten trotz der Verlagerung der Fertigungsstätten hinter der zurückweichenden Front alleine bis Jahresende 1941 über 92.000 Stück ausgeliefert werden. Im darauffolgenden Jahr stieg der Ausstoß auf fast 1,5 Millionen Stück, und bis Kriegsende erreichte die Gesamtfertigung die 5-Millionen-Marke.

Die PPSh 41 (Kaliber 7,62 x 25) ist ein zuschießender Rückstoßlader mit unverriegeltem Masseverschluss, dessen Rücklauf von einem Puffer gebremst wird. Der auswechselbare Schlagbolzen ist starr und seine Spitze ragt aus der Stirnfläche des Verschlusses heraus. Mittels eines direkt vor dem Abzug angebrachten Schiebers lässt sich die Feuer-

Technische Daten:	
Hersteller:	verschiedene
Produktionszeit:	1941 bis 1944
Kaliber:	7,62 x 25 mm
Länge:	843 mm
Lauflänge:	269 mm
Gewicht (ungeladen):	3,63 kg
Gewicht (geladen):	5,40 kg (mit Trommelmagazin)
Magazinkapazität:	71 Trommel, 35 Stangenmagazin
Feuerarten:	Einzelfeuer, Dauerfeuer
Feuerrate:	900 – 1.000 Schuss/min
Visier (frühe Fertigung):	Schiebevisier 50 – 500 Meter
Visier:	Klappkimme 100 und 200 Meter

Frühe Ausführung der berühmten PPSh 41 mit Schiebevisier und freistehendem Korn.

Massenfertigung der PPSh 41. Wie in den meisten Ländern kamen auch in Russland mehr und mehr Frauen in den Fabriken zum Einsatz.

art auswählen: Nach hinten = Einzelfeuer, nach vorne = Dauerfeuer. Trotz einer hohen Feuergeschwindigkeit von fast 1.000 Schuss/min liegt die Waffe gut in der Hand, denn der über die Mündung hinaus verlängerte und nach unten abgeschrägte Laufmantel dient als Kompensator. Gespeist werden kann die MP aus 71-Schuss-Trommeln oder den später entwickelten 35-Schuss-Kurvenmagazinen. Obwohl wegen ihrer Kapazität beliebt, hatten die Trommeln den Nachteil, dass sie im Gefecht nicht schnell genug nachzuladen waren.

Erbeutete Exemplare, in der Wehrmacht als MP 717(r) bezeichnet, waren beliebt und wurden nur selten an die Beutegut-Sammelstellen abgegeben. Es gab sogar umfangreiche Versuche, die PPSh 41 auf Kaliber 9 x 19 mm umzubauen. Nötig war dafür nur ein neuer Lauf und ein Blechpräge-Einsatz für den Magazinschacht, um die MP40-Stangenmagazine nutzen zu können.

Die Großserienausführung besaß nur noch eine Klappkimme. Auch wurde das Trommelmagazin immer öfter durch Stangenmagazine ersetzt, da diese leichter und schneller zu laden waren.

Mit über 5 Millionen produzierten Exemplaren die bekannteste sowjetische Maschinenpistole aus dem 2. Weltkrieg: die Pistolet-Pulemjot Schpagina obrastsa 1941, kurz PPSh 41.

Stempel auf einer PPSh 41 aus Endkriegsfertigung 1945.

Im Kolben verstaut: zerlegbarer Reinigungsstock und Schraubenzieher. Der zweikammrige Öler und die Reinigungsschnur wurden irgendwo im Gepäck mitgeführt.

Auch die Taschen für die Magazine waren einfachst aus Leinen gefertigt.

Auch auf deutscher Seite war die PPSh 41 begehrt. Pläne zum Umbau auf das Kaliber 9 mm scheiterten jedoch am erforderlichen Arbeitsaufwand.

Der Krieg ist vorbei – russische MP-Schützen machen eine Raucherpause in Berlin.

PPS 43

Im September 1941 schloß die Wehrmacht Leningrad ein, unterstützt von finnischen Truppen aus dem Norden. Von sämtlichen Landverbindungen abgeschnitten, konnte der Belagerungsring erst Ende Januar 1944, also nach fast 900 Tagen, von der Sowjetarmee wieder aufgebrochen werden. Irgendwo in dieser Stadt lebte zu dieser Zeit Alexej Iwanowitsch Sudajew. Viel ist nicht über sein Leben bekannt, aber in den ereignisreichen Jahren während der Belagerung konstruierte er eine Maschinenpistole, die ihm sogar einen der höchsten militärischen Orden in der Sowjetunion, den Rotbannerorden, einbringen sollte. Tragischerweise währte der Ruhm nicht lange, denn Sudajew verstarb im Jahre 1946 im Alter von nur 34 Jahren. Seine MP und ihre zahlreichen Kopien überlebten bis heute.

Die nach ihm als PPS 42 genannte Waffe kam mit ihrem Klappschaft besonders den speziellen Bedürfnissen von Panzerbesatzungen und Fallschirmjägern entgegen. Bei einem Vergleichsschießen im Frühling 1942 konnte er sich gegen renommiertere Konstrukteure durchsetzen. Die PPS ist ein zuschießender Rückstoßlader mit Masseverschluss und starrem Schlagbolzen. Der Verschluss-Rücklauf wird von einem Puffer gebremst. Bis auf diesen Puffer und die Kunststoff-Griffschalen besteht die Waffe komplett aus Metall. Im Gegensatz zur PPSh 41 befinden sich Verschluss und Schließfeder nicht im Gehäuseunterteil, sondern im Oberteil. Nach Druck auf die Sperre am Gehäuseende lässt sich das Unterteil mit Pistolengriff und Magazinschacht abklappen. Der Verschluss wird nur durch die Federspannung im Gehäuse gehalten und kann nach leichtem Zurückziehen samt Feder und Puffer entnommen werden. Etwas ungewohnt wirkt die Anordnung der Schließfeder. Sie befindet sich nicht etwa in der Mitte, sondern läuft in einer Vertiefung an der linken Seite des Verschlusses entlang. Kurz vor dem Spanngriff wird sie dann von einem im Verschluss steckenden Querbolzen gehalten. Die Munitionszufuhr erfolgt über 35-Schuss-Kurvenmagazine. Eine Patronentrommel war für die PPS nicht mehr vorgesehen.

Der Mangel an Waffen war groß in Leningrad, und so kam es, dass Sudajew persönlich damit beauftragt wurde, die Fertigung seiner MP in der belagerten Stadt in Gang zu bringen und zu organisieren. Dies war ein voller Erfolg, und bis Mitte 1943 sollen

Technische Daten PPS 43:	
Hersteller:	verschiedene
Produktionszeit:	1943 bis 1945
Kaliber:	7,62 x 25 mm
Länge (Schaft eingeklappt):	625 mm
Länge (Schaft ausgeklappt):	820 mm
Lauflänge:	254 mm
Gewicht (ungeladen):	3,30 kg
Gewicht (geladen):	3,86 kg
Magazinkapazität:	35 Patronen
Feuerarten:	Dauerfeuer
Feuerrate:	700 Schuss/min
Visier:	Klappkimme 100 und 200 Meter

Das Wunder aus Leningrad: die blecherne PPS 43 entstand in der eingeschlossenen Stadt und wurde später in zahlreichen Ländern nachgebaut.

ca. 46.500 Stück von Sudajews Maschinenpistolen gebaut worden sein. Zu diesem Zeitpunkt begann die Fertigung einer verbesserten Version – der PPS 43. Die neue Waffe war 86 mm kürzer und das Gehäuseoberteil bestand aus nur noch einem Stück. Im Gegensatz zur PPSh 41, für die man 13,9 kg Metall und 7,3 Stunden maschinelle Bearbeitungszeit benötigte, reichten für die PPS 43 ganze 6,2 kg Metall und 2,7 Stunden. Das war weniger als die Hälfte. Und wäre die PPSh 41 nicht schon in der Massenfertigung gewesen, die PPS 43 hätte gute Chancen gehabt, die einzige Maschinenpistole der Sowjetarmee zu werden. Sudajews MP blieb bis Kriegsende in Produktion und wurde erst in den Jahren danach durch Waffen des Modells Kalaschnikow AK 47 abgelöst.

Einmal Lächeln für den Fotografen. Gestelltes Pressefoto mit der PPS 43 »im Einsatz«.

Gruppenfoto russischer MP-Schützen. Ihre Bewaffnung besteht aus PPSh 41 mit Trommelmagazinen und PPS 43.

Russische Soldaten tragen stolz ihre Orden – und als Bewaffnung Maschinenpistolen PPS 43 und PPSh 41.

Nach Eindrücken einer Federsperre am Gehäuseende lässt sich das Griffstück der PPS 43 mitsamt Magazinschacht abklappen.

Die Schließfeder läuft in einer Vertiefung seitlich am Verschluss entlang. Hinten sitzt der Puffer aus Pressstoff.

Wandtafel für die Ausbildung an der PPS 43.

USA

Thompson

Im Gegensatz zu den Ländern, die nach dem Ersten Weltkrieg das militärische Potential der Maschinenpistole für künftige Kriege erkannt hatten, tat sich in den USA auf diesem Gebiet nur wenig. In den 20er-Jahren gelang es John Thompson, einige seiner Maschinenpistolen im Kaliber .45 ACP an die Polizei, größere Firmen und Gangster zu verkaufen. Die Verkäufe liefen sehr schleppend. Im August 1920 wurde zwischen der Colt's Patent Firearms Manufacturing Company in Hartford (Connecticut) und der Auto Ordnance Corporation ein Vertrag zur Fertigung von 15.000 Stück des Modells 1921 abgeschlossen. Diese aufwendig gefertigten Waffen wollte John Thompson auch an die Navy verkaufen, jedoch stieß die hohe Feuerrate von 800 Schuss/min auf wenig Begeisterung. Durch konstruktive Veränderungen gelang es, die Feuerrate auf knappe 500 Schuss/min zu reduzieren. Die Waffe wurde nun akzeptiert, doch der erhoffte Großauftrag blieb aus – die Navy erwarb von diesem »U.S. Navy Model of 1928« lediglich 500 Stück. Etwa 1.000 Waffen gingen an die Army, einige weitere an das FBI, die Polizei und diverse Gefängnisse. Mehrere hundert Waffen wurden in das Ausland verkauft, unter anderem über Umwege an die irische IRA, oder sie gelangten in die Hände von Kriminellen.

Dieser Marine auf Okinawa im Mai 1945 führt bereits die vereinfachte Thompson M1A1.

Als sich John Thompson 1928 aus dem Geschäft zurückzog, wurde die Firma von seinem Sohn Marcellus weitergeführt. Doch die Geschäfte liefen schlecht. Im Jahre 1939, als Auto Ordnance kurz vor dem Bankrott stand, nutzte der Unternehmer Russel Maguire die Gelegenheit und erwarb die angeschlagene Firma. Er hoffte auf einen Kriegseintritt der USA – und somit auf gute Geschäfte mit Waffen. Es lagen noch über 4.000 unverkaufte Maschinenpistolen auf Lager, die er nun den bedrängten Verbündeten verkaufte. Für die Massenfertigung des leicht überarbeiteten Modells 1928A1 reichten die eigenen Kapazitäten allerdings nicht aus. Und da die Colt's Patent Firearms Manufacturing Company zu diesem Zeitpunkt bereits mit anderen Aufträgen ausgelastet war, ging der Fertigungsauftrag diesmal an Savage Arms in Utica (New York). Zur gleichen Zeit richtete Auto Ordnance auch eine eigene Produktionsstätte in Bridgeport (Connecticut) ein, die ab August 1940 die Kriegsproduktion aufnahm. Im April 1942 wurde das von den Savage-

Eine Thompson Modell 1921 des FBI mit Zubehör und Transportkoffer.

Technische Daten Modell 1928 A1:	
Hersteller:	Colt's Patent Firearms Co.
Kaliber:	.45 ACP
Länge:	843 mm
Lauflänge:	268 mm
Gewicht (ungeladen):	4,87 kg
Gewicht (geladen):	5,42 kg (mit 20-Schuss-Stangenmagazin)
Magazinkapazität:	50 und 100 Trommel, 20 und 30 Stangenmagazin
Feuerarten:	Einzelfeuer, Dauerfeuer
Feuerrate:	670 Schuss/min
Visier (frühe Fertigung):	Klappvisier mit Lochkimme 50 – 600 Yards
Visier:	Lochkimme 100 Yards

Technische Daten Modell M1A1:	
Hersteller:	Auto Ordnance Corp., Savage Arms
Kaliber:	.45 ACP
Länge:	813 mm
Lauflänge:	267 mm
Gewicht (ungeladen):	4,74 kg
Gewicht (geladen):	5,3 kg (mit 20-Schuss-Stangenmagazin)
Magazinkapazität:	20 und 30 Patronen
Feuerarten:	Einzelfeuer, Dauerfeuer
Feuerrate:	670 Schuss/min
Visier (frühe Fertigung):	Klappvisier mit Lochkimme 50 – 600 Yards
Visier:	Lochkimme 100 Yards und V-Kimme 200 Yards

Ingenieuren vereinfachte Modell M1 bei den Streitkräften eingeführt. Der Holzschaft war nicht mehr abnehmbar, es konnten keine Trommelmagazine mehr verwendet werden und der Spanngriff befand sich nun auf der rechten Seite. Das geänderte Verschlusssystem und andere konstruktive Vereinfachungen, wie beispielsweise der Lauf ohne Kühlrippen, beschleunigten die Fertigung erheblich. Durch Verzicht auf einen auswechselbaren Schlagbolzen, und stattdessen eine Nase am Stoßboden des Verschlusses, entstand das im Oktober 1942 eingeführte Modell M1A1. Bis zum Ende der Fertigung im Februar 1944 liefen bei beiden Firmen zusammen über 1,5 Millionen Thompson MPs vom Band.

Früher Thompson-Prototyp mit Gurtzuführung und dem passenden Namen »Persuader« (Überzeugungsmittel).

Die Kriegsbedingungen zwangen zur Vereinfachung: heraus kam das Modell M1A1.

United Defense M 42

Technische Daten:	
Hersteller:	Marlin Firearms Company
Kaliber:	9 x 19 mm
Länge:	810 mm
Lauflänge:	279 mm
Gewicht (ungeladen):	4,17 kg
Gewicht (geladen):	4,54 kg
Magazinkapazität:	25 Patronen
Feuerarten:	Einzelfeuer, Dauerfeuer
Feuerrate:	700 Schuss/min
Visier:	Lochkimme

Über Umwege fand diese MP zu den amerikanischen Streitkräften. Sie wurde Ende der 30er-Jahre von Carl Swebellius, dem Gründer der High Standard Manufacturing Company, entwickelt. Über die Vertriebsorganisation United Defense Supply Corporation in New Haven konnte bei der niederländischen Exilregierung in London Interesse an der Waffe geweckt werden. Mit ihr sollten die Truppen der Niederländisch-Ostindischen Kolonialarmee ausgerüstet werden. Ein Großauftrag über 15.000 Stück ging an die ebenfalls in New Haven ansässige Marlin Firearms Company. Doch das unerwartet schnelle Vorrücken der Japaner vereitelte das Geschäft. Die Niederländer kauften lediglich ein paar Exemplare der UD M 42, der Rest wanderte ins Lager. Auch ein Verkauf an die US-Armee scheiterte am unpassenden Kaliber 9 x 19 mm. Doch dafür interessierte sich plötzlich jemand anderes für die Waffe – und zwar genau wegen des Kalibers: Das Office of Strategic Services (OSS). Der militärische Nachrichtendienst wollte mit dieser 9mm-MP die eigenen Spezialeinheiten und Widerstandskämpfer in den besetzten Gebieten in Europa und Asien unterstützen. Auf diesen Kriegsschauplätzen war die amerikanische Munition im Kaliber .45 ACP Mangelware. Der OSS kaufte alle noch vorhandenen UD M 42 auf und gab davon wiederum einen Teil an den britischen SOE (Special Operations Executive) ab. Auf diese Weise gelangte eine größere Anzahl in die Händer der französischen Résistance.

Im August 1940 wurde auch eine Waffe im Kaliber .45 ACP in Aberdeen getestet. Sie funktionierte zufriedenstellend, aber die Kadenz lag bei 900 Schuss/min und das Magazin fasste nur 20 Schuss. Ein verbessertes Modell mit 40-Schuss-Magazin versagte beim Schlammtest. Insgesamt wurde die Waffe als brauchbar angesehen, aber noch weitere Erprobungen für notwendig erachtet. Dazu kam es aber nicht mehr, denn Streitigkeiten zwischen den drei Firmen High Standard, United Defense und Marlin Firearms verärgerten das War Depart-

Ein markantes Merkmal der UD M 42 sind die zwei gegeneinander versetzt zusammengeschweißten Magazine. Sie bewährten sich in dieser Form nicht.

ment und verhinderten in der Folge eine weitere Entwicklung.
Die UD M 42 ist wie die Thompson sehr aufwendig aus Frästeilen gefertigt und mit ihrem Holzschaft über 80 cm lang. Mit dem Erscheinen der »Grease Gun« wäre ihre Zeit eh abgelaufen gewesen. Ein bemerkenswertes Detail ist das Magazin: Neben dem normalen Stangenmagazin gab es auch einen Doppelpack, d.h. zwei Magazine waren gegeneinander versetzt zusammengeschweißt. Der Schütze konnte also das leere Magazin entnehmen, den Doppelpack umdrehen und das volle Magazin wieder einführen. In der Praxis litt jedoch das Reservemagazin (mit der Öffnung nach unten) unter Verschmutzung und Beschädigungen.

Über den britischen SOE (Special Operations Executive) gelangten einige UD M 42 zu den Partisanen auf dem europäischen Festland.

Ursprünglich für die niederländische Kolonialarmee gedacht, landeten die UD M 42 beim militärische Nachrichtendienst OSS.

Amerikanische Fallschirmjäger posieren mit ihren UD M 42 für ein Erinnerungsfoto.

Diese Partisanengruppe führt drei UD M 42 und zwei erbeutete deutsche MP 40.

M2 Carbine & Hyde-Inland M2

Obwohl keine wirkliche Maschinenpistole, so war doch auch der M2 Carbine eine vollautomatische Waffe, die auf ähnliche Weise eingesetzt werden konnte. Es handelt sich hierbei um die Vollautomatik-Ausführung des M1 Carbines, einem Selbstladegewehr im Kaliber .30 Carbine (7,62 x 33 mm). Einerseits war die erst im Frühjahr 1945 eingeführte Waffe beliebt wegen ihres geringen Gewichts, jedoch erschwerte gerade dieses geringe Gewicht das genaue Zielen bei Feuerstößen. Zudem zeigte die schwache Patrone nicht immer die erhoffte Wirkung im Ziel.

Und fast hätte es noch eine weitere Maschinenpistole im Dienste der U.S. Army gegeben: Die Hyde-Inland M2. Diese von der Inland Manufacturing Company entwickelte Waffe im Kaliber .45 ACP schnitt bei den Versuchen 1942 gut ab und war vom Ordnance Department als neue »U.S. Submachine Gun M2« vorgeschlagen worden. Als Fertigungsstätte wählte man die Marlin Firearms Company in North Haven (Connecticut) und vergab einen Auftrag über 164.450 Stück. Die ersten Waffen sollten im Dezember 1942 ausgeliefert werden. Jedoch verzögerten technische Probleme den Anlauf der Fertigung derart, dass bis Ende März 1943 keine einzige Waffe fertiggestellt werden konnte. Insbesondere die Herstellung von sechs aus Metallpulver gepressten Teilen bereitete große Schwierigkeiten. Bei Beschussversuchen brachen mehrere dieser Pressteile. Zwischenzeitlich hatte das Ordnance Department die Versuche mit anderen Waffen weitergeführt und sich letztendlich für die T-20 (M3) entschieden. Die Fertigung der M2 wurde daraufhin eingestellt. Weniger als 500 Waffen waren bis dahin hergestellt worden.

Technische Daten Hyde-Inland M2:	
Hersteller:	Marlin Firearms Corp.
Kaliber:	.45 ACP
Länge:	815 mm
Lauflänge:	303 mm
Gewicht (ungeladen):	4,12 kg
Gewicht (geladen):	5,06 kg (mit 30-Schuss-Stangenmagazin)
Magazinkapazität:	20 und 30 Patronen
Feuerarten:	Einzelfeuer, Dauerfeuer
Feuerrate:	500 Schuss/min
Visier:	Lochkimme

Hätte die Entwicklung der M2 nicht so lange gedauert, wäre sie wohl die Standard-MP der U.S. Army geworden.

Die Vollautomatik-Ausführung des M1 Carbine war bei Feuerstößen schwer im Ziel zu halten, und die schwache Patrone zeigte oft wenig Wirkung im Ziel.

Die M2 zeigt wenig hervorstehende Ecken und Kanten.

M3 und M3A1 »Grease Gun«

Als am 11. Januar 1943 die «U.S. Submachine Gun, Caliber .45, M3« offiziell als neuen Maschinenpistole eingeführt wurde, musste sich so mancher Soldat erst an deren Erscheinungsbild gewöhnen. Zusammengeschweißt aus zwei geformten Blechhälften, mit groben Schweißnähten und einer simplen Schulterstütze aus gebogenem Draht, war die Waffe nicht mit der bisher verwendeten hochwertigen Thompson-MP vergleichbar. Von vielen abwertend als »Grease Gun« (Fettspritze) bezeichnet, erwarb sich die M3 dank ihrer Zuverlässigkeit schnell einen guten Ruf. Sie erlebte nicht nur den Zweiten Weltkrieg, sondern auch Korea, Vietnam und diverse andere Konflikte.

Das U.S. Ordnance Department ließ 1942 zahlreiche in- und ausländische Maschinenpistolen erproben. Basierend auf den daraus gewonnenen Erkenntnisse wurde in Zusammenarbeit mit der Inland Division von General Motors eine von Grund auf neue Maschinenpistole entwickelt. Großen Wert legte man auf eine schnelle Fertigung unter Verwendung möglichst vieler Teile aus geformtem Blech. Auch durfte kein rares Metall wie beispielsweise Aluminium verwendet werden. Fünf Prototypen des Projekts T-20 wurden bis Ende November 1942 für die anstehenden Versuche gefertigt. Die Feuergeschwindigkeit betrug nur 400 Schuss pro Minute, aber das Steigen der Mündung bei Dauerfeuer konnte damit fast gänzlich verhindert werden. Auch andere Hersteller hatten neue Modelle eingereicht, aber von allen schnitt die T-20 weitaus am besten ab: Bei den Dauerbeschussversuchen mit jeweils 5.000 Schuss kam es lediglich zu zwei Zuführungsstörungen, die vom Magazin verursacht wurden.

Vielleicht wäre alles anders gekommen, hätte die U.S. Army nicht so vehement am Kaliber .45 ACP festgehalten. Allgemein schnitten die Waffen im Kaliber 9 mm in Sachen Präzision und Zuverlässigkeit besser ab als diejenigen im Kaliber .45 ACP. Im Bericht wird deshalb ausdrücklich darauf hingewiesen, dass das Kaliber 9 mm kein Standard der U.S. Army ist und solche Waffen für eine Einführung keinesfalls in Frage kommen. Das Militär klammerte sich an die »starke« Patrone in .45 ACP, deren Geschoss aufgrund seiner Masse eine bessere Mannstoppwirkung aufwies. Dafür nahm man lieber so manche Unzulänglichkeit bei den Waffen in Kauf.

Die Einführung der Maschinenpistole wurde am 11. Januar 1943 genehmigt, und noch im selben Monat erfolgte eine Bestellung über 300.000 Stück bei Guide Lamp. Bereits im Mai 1943, also acht Monate nach Projektbeginn, lief die Serienfertigung der nun offiziell «U.S. Submachine Gun, Caliber .45, M3« genannten Waffe an. Im harten Gebrauch kam es jedoch häufig zu Störungen mit der kurbelartigen Verschluss-Spannvorrichtung der M3. Man beschloss deshalb, darauf zu verzichten und den Verschluss mit einem Fingerloch zu versehen. Nun konnte er einfach mit dem Finger zurückgezogen und gespannt werden. So entstand 1944 die vereinfachte »U.S. Submachine Gun, Caliber .45, M3A1".

Technische Daten M3:	
Hersteller:	Guide Lamp
Produktionszeit:	1942 - 1950
Kaliber:	.45 ACP (9 x 19 mm mit Adapter)
Länge (Schaft eingeschoben):	580 mm
Länge (Schaft ausgezogen):	758 mm
Lauflänge:	203 mm
Gewicht (ungeladen):	3,7 kg
Gewicht (geladen):	4,5 kg
Magazinkapazität:	30 Patronen
Feuerarten:	Dauerfeuer
Feuerrate:	400 – 450 Schuss/min
Visier:	Lochkimme 100 Yards

Die schon einfach gefertigte M3 im Vordergrund konnte nochmals vereinfacht werden. So entstand die M3A1 (hier mit optionalem Feuerdämpfer).

Viele GIs klebten zwei Magazine zusammen, um in entscheidenden Momenten schneller Nachladen zu können. Der Kamerad im Hintergrund trägt ein BAR (leichtes MG).

Bei Panzerbesatzungen war die kompakte M3 sehr beliebt. Sie nahm weniger Platz weg als die Thompson und war wesentlich leichter.

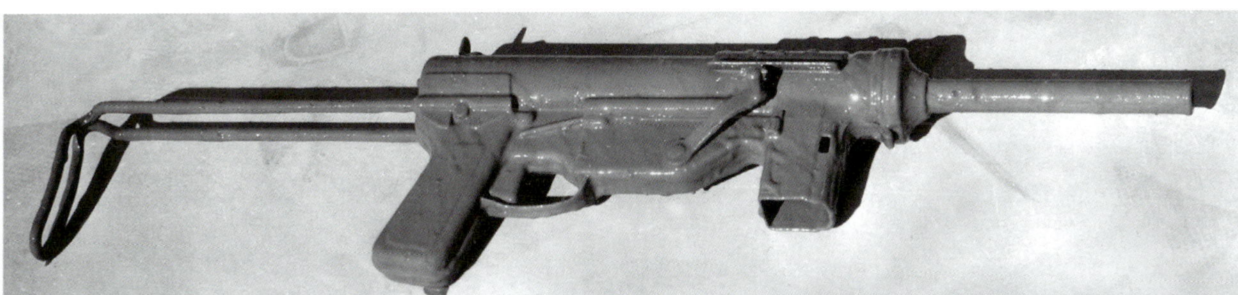

Eine M3 direkt aus dem Schlammbad zum Test der Funktion unter extremen Einsatzbedingungen.

Die M3 während der Erprobung. In der Luft sind ausgeworfene leere Hülsen zu sehen.

In den Jahren 1943 bis August 1945 wurden von Guide Lamp 688.975 Grease Guns ausgeliefert. Diese Menge entspricht knapp einem Drittel aller im Zweiten Weltkrieg gefertigten Thompson-Maschinenpistolen. China und Argentinien fertigten nach dem Krieg Kopien für ihre Armeen, andere Länder erhielten Waffen aus den USA geliefert und halten sie teils bis heute noch im aktiven Dienst.

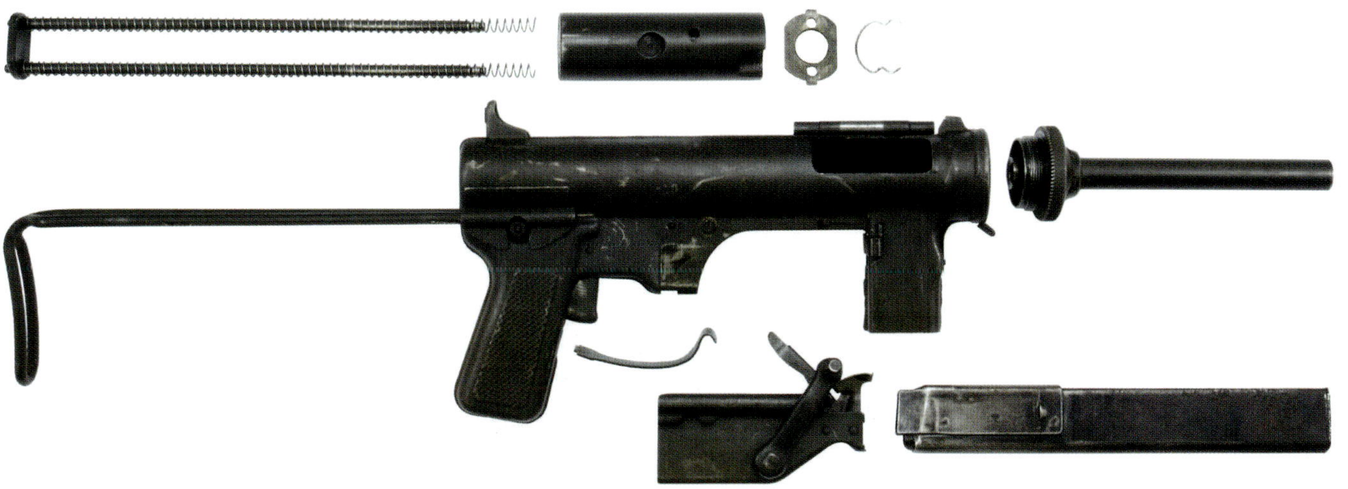

Viel zum Zerlegen gibt es bei der M3 nicht. Bei Bedarf ließen sich Teile rasch austauschen. Einzig der Kurbelspannmechanismus war störanfällig und führte letztendlich zur Entwicklung der M3A1.

Die M3A1 besitzt keine Spannkurbel mehr. Man steckt einfach den Zeigefinger in den Verschluss und zieht ihn zurück.

Eine US-Kampfeinheit auf dem Vormarsch in der Normandie. Die Gruppe führt zahlreiche M3.

Reising M50 und M55

Technische Daten M50:	
Hersteller:	Harrington & Richardson Arms Company
Kaliber:	.45 ACP
Länge:	908 mm
Lauflänge:	279 mm
Gewicht (ungeladen):	3,06 kg
Gewicht (geladen):	3,71 kg (mit 20-Schuss-Stangenmagazin)
Magazinkapazität:	12 und 20 Patronen
Feuerarten:	Einzelfeuer, Dauerfeuer
Feuerrate:	550 Schuss/min
Visier:	Lochkimme 50 – 300 Yards

Der größte Teil der Thompson-Produktion ging an die amerikanischen und britischen Streitkräfte auf dem europäischen Kriegsschauplatz sowie als Hilfslieferung an die Sowjetunion. Bei den U.S. Marines im Pazifik waren sie dagegen Mangelware. Auf der Suche nach einer effektiven Maschinenpistole griffen die Marines deshalb auf die Reising im Kaliber .45 ACP zurück. Es gab davon zwei Varianten, die M50 mit festem Holzschaft und die M55 mit metallenem Klappschaft und ohne Mündungsbremse. Die Waffe war eine Entwicklung von Eugene Reising und wurde ausschließlich bei der Harrington & Richardson Arms Company in Worcester (Massachusetts) gefertigt.

Ihre Erprobung fand im Juli 1941 in Aberdeen statt und die offizielle Einführung erfolgte im Jahre 1942. Sie schnitt in allen Tests besser ab als die Thompson und schoss präziser. Obwohl aufwendig und teuer in der Herstellung, erwarb sich die Reising bald einen schlechten Ruf. In der Eile hatte man auf eine ausführliche Erprobung verzichtet – und jetzt versagten die Waffen reihenweise im Einsatz. Perfekt gereinigt und geölt funktionierten sie einwandfrei, doch schon ein bisschen Dreck konnte sie lahmlegen. Die Notwendigkeit, alle beweglichen Teile zu ölen, verstärkte das Problem noch mehr. Warum dies nicht schon bei der Eprobung in Aberdeen erkannt worden war, bleibt wohl ein

In Ermangelung von Thompson-MPs griffen die U.S. Marines auf die Reising zurück. Hier das Standard-Modell M50 mit festem Holzschaft.

Technische Daten M55:	
Hersteller:	Harrington & Richardson Arms Company
Kaliber:	.45 ACP
Länge (Schaft eingeklappt):	556 mm
Länge (Schaft ausgeklappt):	781 mm
Lauflänge:	263 mm
Gewicht (ungeladen):	2,81 kg
Gewicht (geladen):	3,47 kg (mit 30-Schuss-Stangenmagazin)
Magazinkapazität:	12 und 20 Patronen
Feuerarten:	Einzelfeuer, Dauerfeuer
Feuerrate:	550 Schuss/min
Visier:	Lochkimme 50 – 300 Yards

Rätsel. Dank des aufschießenden Systems war die Präzision im Einzelschuss sehr gut. Bei Feuerstößen aber war die relativ leichte Reising nur schwer im Ziel zu halten. Schon bald wurden die meisten Waffen an rückwärtige Einheiten abgegeben, teilweise auch an die Polizei. Bis zum Ende der Fertigung im Jahre 1945 wurden von beiden Modellen zusammen ungefähr 114.000 Stück hergestellt.

Vergleich beider Reising-Modelle während der Erprobung bei den U.S. Marines in Quantico.

Die M55 besaß einen metallenen Klappschaft. Sie kam nur in geringer Stückzahl zur Auslieferung.

Polen

Mors wz. 39

Technische Daten:	
Hersteller:	Państwowa Fabryka Karabinów
Produktionszeit:	1939
Kaliber:	9 x 19 mm
Länge:	970 mm
Lauflänge:	300 mm
Gewicht (ungeladen):	4,25 kg
Magazinkapazität:	24 Patronen
Feuerarten:	Einzelfeuer, Dauerfeuer
Feuerrate:	450 – 500 Schuss/min
Visier:	Schiebevisier 50 – 600 Meter

Kurz vor Ausbruch des Krieges entstand in Polen eine vielversprechende Maschinenpistole. Ihre Entwickler Piotr Wilniewczyc und Jan Skrzypinski wollten damit die polnische Armee bewaffnen. Doch der Einmarsch der Wehrmacht vereitelte dieses Vorhaben, nur 39 Stück wurden überhaupt fertiggestellt. Einprägsam ist zweifellos ihr zweideutiger Name: »Mors« bedeutet auf polnisch Walross, auf Latein jedoch Tod.

Die Konstruktion ähnelt der deutschen Erma MP, mit massivem Holzschaft und hölzernem Vordergriff. Allerdings steckt das Magazin von unten in der Waffe und nicht seitlich. Ursprünglich sollte die MP auch an die Panzertruppe ausgegeben werden, aber dieses Vorhaben wäre angesichts der Länge wohl kaum praktikabel gewesen. Nach einer ersten Erprobung von drei Prototypen zeigte sich die Armee begeistert und bestellte im März 1939 weitere 36 Stück für eine ausgiebige Truppenerprobung. Sollten die Waffen auch hier überzeugen, wäre ein Großauftrag sicher gewesen. Bis September schaffte die staatliche Waffenfabrik Państwowa Fabryka Karabinów in Warschau die Fertigstellung der 36 bestellten Waffen, doch dann war Schluss. Mit Ausbruch der Feindseligkeiten gingen die Waffen zum Teil an das 3. Schützenbataillon zur Verteidigung Warschaus und zum Teil an den Stab der 39. Infanteriedivision. Nur vier Exemplare haben den Krieg überstanden.

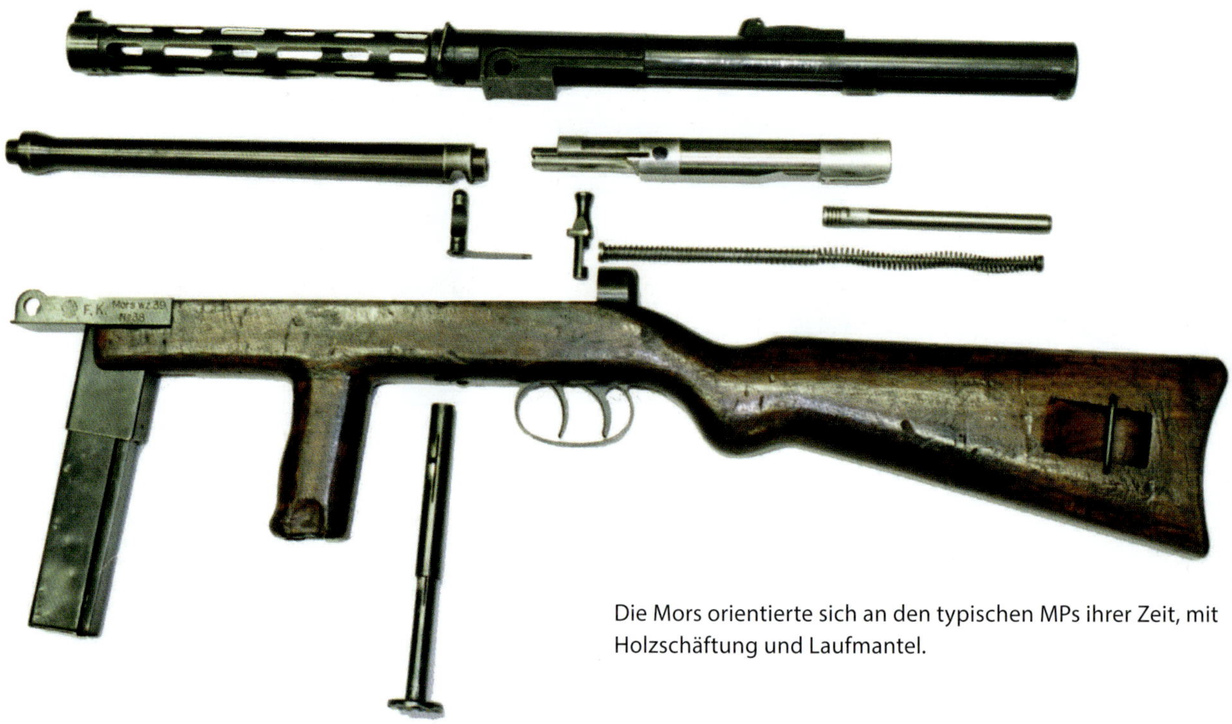

Die Mors orientierte sich an den typischen MPs ihrer Zeit, mit Holzschäftung und Laufmantel.

Die polnische Mors kam zu spät für einen wirkungsvollen Einsatz im Krieg.

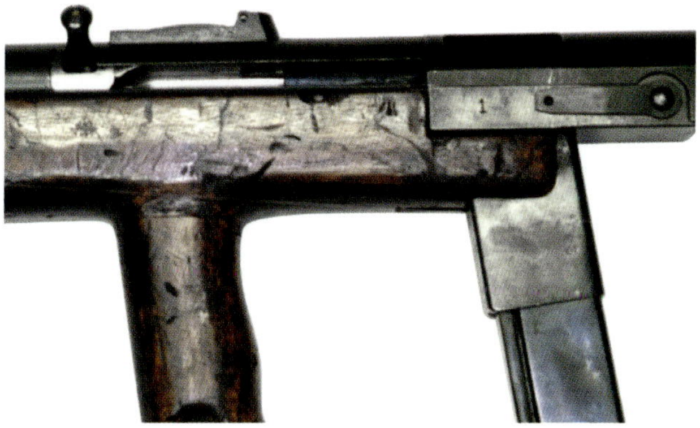

Im Warschauer Militärmuseum befindet sich diese Mors mit der Seriennummer 1. [Leszek Erenfeicht]

Bestempelung der Mors mit Seriennummer 38. [Leszek Erenfeicht]

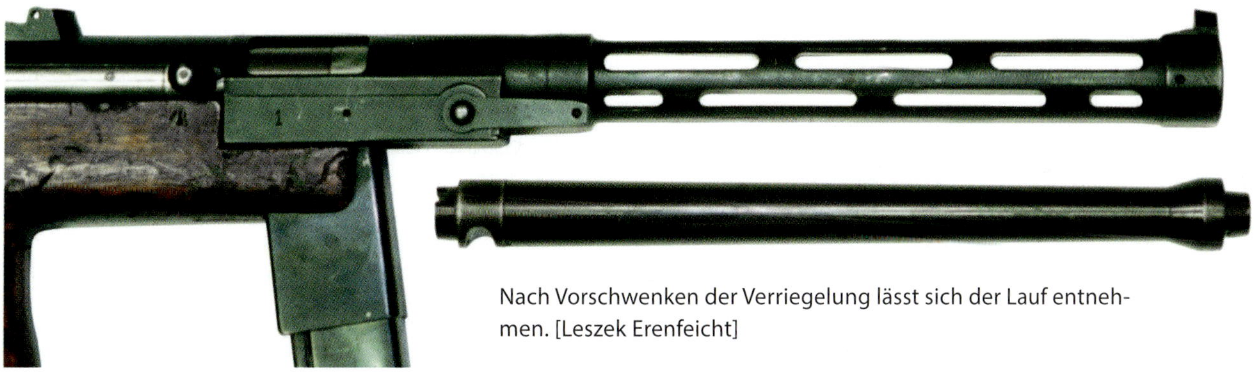

Nach Vorschwenken der Verriegelung lässt sich der Lauf entnehmen. [Leszek Erenfeicht]

Blick in das Gehäuseunterteil mit Abzugseinheit. [Leszek Erenfeicht]

Verschluss mit schmutzgeschützter Schließfeder. [Leszek Erenfeicht]

Rumänien

Orita

Zu Beginn des Zweiten Weltkriegs besaß die rumänische Armee größtenteils Waffen und Gerät aus tschechischer Fertigung bzw. rumänischer Lizenzfertigung. Doch eine Gruppe waffentechnischer Spezialisten der Waffenfabrik Cugir in Siebenbürgen arbeitete bereits an der Entwicklung einer eigenen Maschinenpistole. Leiter des Projekts war der bekannte Waffenkonstrukteur Nicolae Sterca. Im Laufe des Jahres 1941 konnte die neue Maschinenpistole in die Erprobung gehen. Zu Ehren des rumänischen Waffenkonstrukteurs Marin Orita erhielt sie seinen Namen. Im selben Jahr sollte auch die Serienfertigung anlaufen, doch sie kam nur sehr langsam in Schwung. Größere Mengen Oritas konnten somit erst 1943 an die Truppe ausgeliefert werden.
Die neue Waffe mit der Bezeichnung Orita Modell 1941 kam in einer schweren Zeit an die Front. Die rumänische Armee stand bereits zwei Jahre im Krieg gegen Russland. Man hätte also eher eine einfache Konstruktion für die Massenfertigung erwartet. Doch die Orita ist anders, sie ist eine aufwendig gefertigte Waffe, qualitativ hochwertig, mit gefrästem Gehäuse und erstklassigem Finish. Sie ist ausgelegt für das Kaliber 9 x 19 mm und arbeitet als zuschießender Rückstoßlader mit unverriegeltem Masseverschluss. Während der Produktion ging die Entwicklung ständig voran und es flossen immer wieder konstruktive Veränderungen in die laufende Fertigung ein. Es gibt deshalb einige unterschiedlichen Varianten, wobei die offizielle Modellbezeichnung bis zum Jahre 1949 immer gleich blieb.
Bemerkenswert sind die Sicherungsmöglichkeiten der Orita. Das frühe Modell besaß eine Druckknopfsicherung direkt vor dem Abzugsbügel. Sie blockierte den Verschluss. Diese Ausführung funktionierte sehr unzuverlässig und es kam zu einigen Unfällen. Gegen Kriegsende führten die Rumänen deshalb eine ungewöhnliche Griffsicherung hinter dem Abzugsbügel ein. Der Schütze muss diese Sicherung gedrückt halten, ansonsten kann er den Schuss nicht auslösen. Die Mechanik ist allerdings aufwendig in der Herstellung und ein ziemliches Gefummel beim Zusammenbau einer zerlegten Waffe. Zerlegen lassen sich alle Modelle auf die gleiche Weise. Einfach hinten die Metallkappe abdrehen und den Verschluss mit Feder herausnehmen. Ein weiteres Zerlegen ist für die feldmäßige Reinigung nicht nötig.
Die Maschinenpistolen vom Modell Orita haben sich im Einsatz gut bewährt. Die stabile Konstruktion war dabei ein großer Vorteil, wenn auch der Produktionsausstoß bei einer einfacher konstruierten Waffe hätte höher sein können. Die offizielle Dienstzeit der Oritas in der Armee endete 1957/58, doch zusammen mit anderen Weltkriegswaffen zählten sie noch bis 1989 zur Bewaffnung der «Patriotischen Garde«.

Fotos vom Einsatz sind selten. Hier rumänische Soldaten während der Kämpfe in der Südukraine 1942.

Technische Daten:	
Hersteller:	Waffenfabrik Cugir
Produktionszeit:	1941 bis 1945
Kaliber:	9 x 19 mm
Länge:	894 mm
Lauflänge:	287 mm
Gewicht (ungeladen):	3,45 kg
Gewicht (geladen):	4,01 kg
Magazinkapazität:	31 Patronen
Feuerarten:	Einzelfeuer, Dauerfeuer
Feuerrate:	600 Schuss/min
Visier:	Schiebevisier 100 – 500 Meter

Rumäniens Eigenentwicklung, die MP Orita, war zu aufwendig für eine Massenfertigung in Kriegszeiten.

Viele frühe Oritas erhielten nachträglich eine Griffsicherung hinter dem Abzugsbügel.

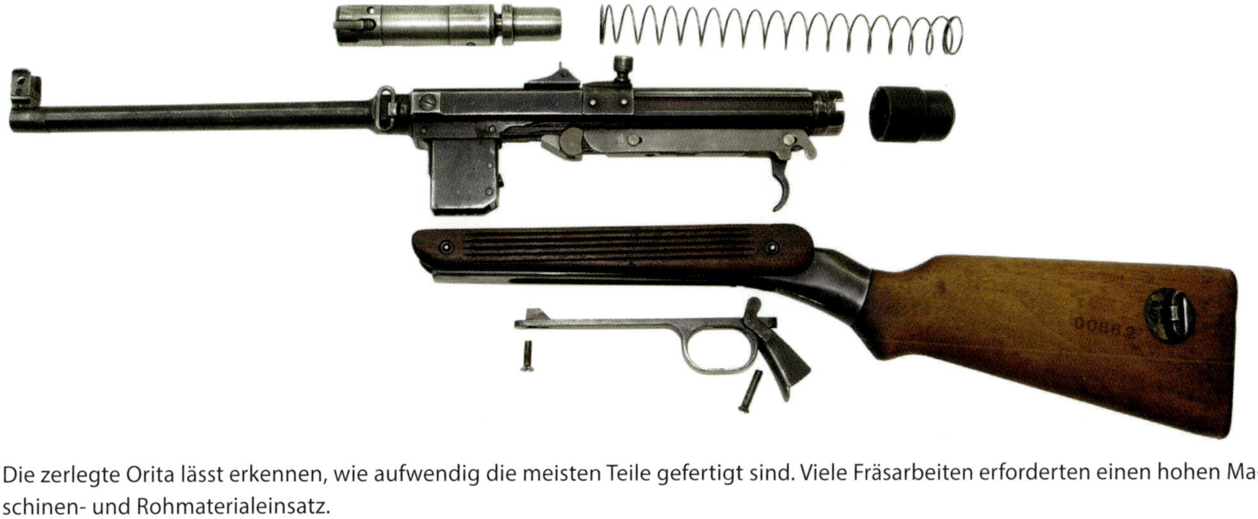

Die zerlegte Orita lässt erkennen, wie aufwendig die meisten Teile gefertigt sind. Viele Fräsarbeiten erforderten einen hohen Maschinen- und Rohmaterialeinsatz.

Japan

Typ 100

Ähnlich wie in anderen Ländern hatte auch Japans Militär nach dem Ersten Weltkrieg das Potential von Maschinenpistolen nicht erkannt. Zwar wurden in den 20er-Jahren aus der Schweiz einige SIG-MPs Modell 1920 (Bergmann-Lizenzfertigung) importiert, untersucht und nachgebaut. Doch die Entwicklungsarbeiten auf diesem Gebiet schritten nur sehr langsam voran und es dauerte bis 1939, ehe die ersten Prototypen einer eigenen Maschinenpistole erprobt werden konnten.
Konstruiert von General Kijiro Nambu, erfolgte deren Herstellung bei Nambu Jūseizōsho (Nambu Schusswaffenfabrik). Die Prototypen erwiesen sich bei der Erprobung als brauchbar, und so wurde die Waffe 1940 als Typ 100 (Hyaku-shiki kikan-tanjū) in der Kaiserlichen Japanischen Armee eingeführt. Sie war bei weitem nicht perfekt und die Patrone 8 x 22 mm Nambu nicht sehr leistungsstark. Aber es gab zu diesem Zeitpunkt nichts besseres im Land. Die robuste Maschinenpistole mit Masseverschluss schießt nur Dauerfeuer mit einer niedrigen Feuergeschwindigkeit von lediglich 450 Schuss/min und besitzt eine einfache Schiebesicherung, die den Abzug blockiert. Die Patronenzufuhr erfolgt von links aus einem 30-schüssigen Kurvenmagazin. Fortschrittliche Konstruktionsmerkmale oder Neuerungen sucht man vergebens. Nach Ziehen eines Querbolzens im Schaft lässt sich das Gehäuse nach vorne abklappen, so dass Verschluss und Feder entnommen werden können. Der Schlagbolzen lässt sich zum Austausch aus dem Verschluss herausschrauben.
Die erste Variante (Modell 1940) erwies sich als ungeeignet für eine rasche Serienfertigung. Viele Teile waren zu aufwendig konstruiert. Unter dem Laufmantel saß ein umständlicher röhrenförmiger Bajonetthalter, teilweise wurden auch Zweibeine

Technische Daten:	
Hersteller:	Nambu Jūseizōsho
Produktionszeit:	1940 bis 1945
Kaliber:	8 x 22 mm Nambu
Länge (ohne Bajonett):	900 mm
Länge (mit Bajonett):	1118 mm
Lauflänge:	230 mm
Gewicht (ungeladen):	3,8 kg
Gewicht (geladen)	4,4 kg
Magazinkapazität:	30 Patronen
Feuerarten:	Dauerfeuer
Feuerrate:	450 (später 800) Schuss/min
Visier:	Feste Kimme für 100 Meter

1944 ging die vereinfachte Ausführung der MP Typ 100 in Serie. Sie war auf das Notwendigste reduziert.

montiert. Im Jahre 1944 erfolgte nochmals eine Überarbeitung der Waffe (Modell 1944). Japans Kriegsglück hatte sich inzwischen gewendet, und der gestiegene Bedarf an Maschinenpistolen war kaum zu decken. Der Bajonetthalter und das Visier wurden vereinfacht und die Bearbeitung der Einzelteile auf das unbedingt Notwendige reduziert. Durch Verwendung einer schwächeren Feder stieg die Feuerrate auf 800 Schuss/min. Eine Verbesserung erfuhr auch die Mündungsbremse: um das Ausweichen der Waffe im Dauerfeuer nach rechts zu verhindern, wurde die rechte Bohrung doppelt so groß ausgeführt wie die linke. Die Überarbeitung zeigte Erfolg, das Modell 1944 war nicht nur leichter als sein Vorgänger, sondern auch sehr viel zuverlässiger im Kampfeinsatz. Die Gesamtproduktion aller Varianten belief sich auf insgesamt ca. 25.000 Stück.

Die groben Schweißnähte zeugen von der hastigen Fertigung. Funktionalität stand über allem.

Schweden

Kpist m/37-39

Technische Daten:	
Hersteller:	Husqvarna Vapenfabriks AB
Produktionszeit:	ab 1939
Kaliber:	9 x 19 mm
Länge:	770 mm
Lauflänge:	213 mm
Gewicht (ungeladen):	3,9 kg
Gewicht (geladen)	4,9 kg
Magazinkapazität:	50 Patronen
Visier:	Klappvisier 100, 200 und 300 Meter
Feuerrate:	900 Schuss/min

Als die schwedische Armee im Jahre 1935 nach einer Maschinenpistole suchte, fiel ihre Wahl auf die finnische Suomi M/31 (Suomi-konepistooli) im Kaliber 9 x 19 mm. Nach einer ausgiebigen Erprobung wurde diese Waffe 1937 in Schweden offiziell als Kulsprutepistol m/37 eingeführt. Da Schweden jedoch aus logistischen Gründen die bisherige Pistolenpatrone 9 x 20 mm Browning lang auch in der MP verwenden wollte, musste der finnische Hersteller Tikkakoski Oy die bestellten Waffen extra für dieses Kaliber fertigen. Nach nur 900 Stück wurde man sich somit über eine Lizenzfertigung einig, und ab 1939 lief die Waffe bei der Husqvarna Vapenfabriks AB in Schweden vom Band.
Mit Beginn des Zweiten Weltkriegs sah sich Schweden gezwungen, den Bestand an Maschinenpistolen zu vergrößern. Von Deutschland wurden 1.800 MP Bergmann 1935 und 1.500 Walther HP Pistolen erworben. Da diese Waffen alle im Kaliber 9 x 19 mm waren, musste Schweden notgedrungen eine solche Patrone einführen. Im gleichen Zug wurde auch die eigene MP auf dieses Kaliber umgestellt und das Visier um 100 Meter erweitert. Ihre neue Bezeichnung lautete nun Kpist m/37-39. Bis Kriegsende wurden von ihr in Schweden rund 35.000 Stück hergestellt.
Trotz der Ähnlichkeit zur Suomi unterscheidet sich die Kpist m/37-39 in einigen Details. Laufmantel und Lauf waren 10 cm kürzer, der Abzugsbügel leicht vergrößert und der Spanngriff mit Knopf durch einen mit Haken ersetzt. Wegen der stärkeren 9-mm-Patrone erhielt das Visier eine zusätzliche dritte Kimme für 300 Meter Entfernung. Viele schwedische Waffen erhielten zudem einen hinter dem Abzug stark verdickten Schaft, da an dieser Stelle öfter Brüche aufgetreten sind.

Schweden fertigte etwa 35.000 Stück der Kpist m/37-39 zur Landesverteidigung.

Der norwegische Kronprinz Olav kehrte am 12. Mai 1945 aus dem Exil nach Oslo zurück. Seine Leibwächter sind mit schwedischen m37-39 bewaffnet.

Schweiz

Maschinenpistolen 41 bis 43/44

Im Ersten Weltkrieg wurde die Schweiz, obwohl vollständig von kriegführenden Nachbarstaaten umgeben, nicht durch Kampfhandlungen in Mitleidenschaft gezogen. Man beschränkte sich auf die Grenzsicherung und zeigte wenig Interesse an der Entwicklung neuer Infanteriewaffen. Doch nach dem Anschluss Österreichs und dem deutschen Überfall auf Polen erkannte die Schweizer Armee, dass sie für einen möglichen Verteidigungsfall über zu wenig automatische Waffen verfügte. Zeitnah folgte eine Ausschreibung, aus der die Konstruktion der Eidgenössischen Waffenfabrik (W+F) in Bern als Sieger hervorging und als Maschinenpistole 41 eingeführt wurde.

Die Grundlage für die MP 41 bildete das vom Direktor der Waffenfabrik, Oberst Adolf Furrer, entwickelte leichte Maschinengewehr 25 mit Kniegelenkverschluss. Dieses Prinzip dürfte vielen von der deutschen Pistole 08 bekannt sein, doch an einer Maschinenpistole ist seine Verwendung äußerst ungewöhnlich. Beim Spannen ragt das Kniegelenk unter einer Blechabdeckung nach links heraus. Die Patronenzufuhr erfolgt aus einem rechts eingesteckten Magazin. Mit schweizer Präzision gefertigt, schoss die Waffe sehr genau und funktionierte einwandfrei – zumindest in sauberem Zustand. Denn Schmutz konnte die komplizierte Mechanik nicht vertragen. Und einem normalen Soldaten ohne Fachwissen war das Zerlegen untersagt. Zudem war die Herstellung aufwendig: die Waffe gilt heute als die teuerste jemals für ein Militär in Serie hergestellte Maschinenpistole der Welt. Einige Verbesserungen führten zum Modell 41/44, von dem bis Kriegsende etwa 4.500 Stück an die Armee geliefert wurden.

Die MP 41 hatte sich also für den mobilen Kampfeinsatz als ungeeignet erwiesen und verblieb deshalb meist in der Bewaffnung der Festungsanlagen. Doch der weitere Kriegsverlauf ließ nichts Gutes erahnen, und für eine Neuentwick-

Das Modell 43/44 war eine Lizenzfertigung der finnischen Suomi M/31.

Technische Daten MP 41/44:	
Hersteller:	Eidgenössische Waffenfabrik (W+F)
Produktionszeit:	1941 bis 1945
Kaliber:	9 x 19 mm
Länge (ohne Bajonett):	774 mm
Länge (mit Bajonett):	1.080 mm
Lauflänge:	249 mm
Gewicht (ungeladen):	5,18 kg
Gewicht (geladen):	5,98 kg
Magazinkapazität:	400 Patronen
Feuerarten:	Einzelfeuer, Dauerfeuer
Feuerrate:	900 Schuss/min
Visier:	Klappkimme 100 und 200 Meter

Technische Daten MP 43/44:	
Hersteller:	Hispano-Suiza
Produktionszeit:	1943 bis 1951
Kaliber:	9 x 19 mm
Länge (ohne Bajonett):	890 mm
Länge (mit Bajonett):	1.158 mm
Lauflänge:	315 mm
Gewicht (ungeladen):	4,65 kg
Gewicht (geladen):	5,67 kg
Magazinkapazität:	50 Patronen
Feuerarten:	Einzelfeuer, Dauerfeuer
Feuerrate:	800 Schuss/min
Visier:	Klappkimme 100 und 200 Meter

lung blieb keine Zeit. Eine Alternative musste her, und die Eidgenossen fanden sie in Finnland: im November 1942 kaufte die Kriegstechnische Abteilung (KTA) 5.000 Maschinenpistolen Suomi M/31. Die Waffe wurde eingeführt als MP 43 und überzeugte durch eine einfache Handhabung. Zudem war sie recht unempfindlich gegen Verschmutzung. Bereits im Februar 1943 erwarben die Schweizer die Lizenzrechte zum Nachbau, verbesserten ein paar Kleinigkeiten, und bis 1951 liefen von diesem Modell 43/44 bei Hispano-Suiza in Genf über 22.000 Stück vom Band. Die MP blieb in der Schweizer Armee bis Ende der 80er-Jahre im Dienst.

Die Schweizer MP 41/44 gilt als die teuerste jemals für ein Militär in Serie hergestellte Maschinenpistole der Welt.

Australien

Austen und Owen

Bei Ausbruch des Pazifikkrieges 1941 besaß Australien noch keine Maschinenpistole. Auch dort war die Entwicklung verschlafen worden. Ankaufsversuche in Großbritannien und den USA blieben erfolglos, da beide Nationen ihre Waffen selber benötigten. Also entschloss man sich zur Herstellung einer eigenen Maschinenpistole. Für eine lange Entwicklung blieb keine Zeit, und so schauten sich die Australier erstmal die Waffen der anderen Kriegsteilnehmer an – und kombinierten die für sie sinnvoll erscheinenden Komponenten. Unter der Leitung von Uarre Riddell entstand so die Austen im Kaliber 9 mm. Bereits im Juni 1942 begann bei Diecasters Ltd. (Melbourne) und W.T. Carmichael Ltd. (Sydney) die Serienfertigung, welche erst 1945 nach über 20.000 Stück endete.

Wie der Name schon vermuten lässt, war die englische Sten involviert. Von ihr stammen das Blechgehäuse, der Lauf mit Befestigung und die Abzugseinheit. Die schmutzgeschützte Teleskop-Schließfeder, der Verschluss, der schräge Pistolengriff und die klappbare Schulterstütze hatten ihr Vorbild in der deutschen MP 40. Als praktisch im Einsatz erwies sich der zusätzliche vordere Pistolengriff für die zweite Hand am Magazinschacht. Obwohl die Austen unkompliziert zu pflegen war, machten ihr die besonderen Umstände des Dschungelkampfs zu schaffen. Schmutz und Schlamm gelangten durch den offenen Längsschlitz für den Spanngriff in das

Im Dschungel zeigte sich die Owen unempfindlich gegen Schmutz und avancierte bald zu »Digger's Darling«.

Unschwer zu erkennen ist die Mischung aus britischer Sten und deutscher MP 40.

Technische Daten Austen:	
Hersteller:	Diecasters Ltd. und W.T. Carmichael Ltd.
Produktionszeit:	1942 bis 1945
Kaliber:	9 x 19 mm
Länge (Schaft eingeklappt):	552 mm
Länge (Schaft ausgeklappt):	732 mm
Lauflänge:	198 mm
Gewicht Mk I (ungeladen):	3,97 kg
Gewicht Mk I (geladen):	4,65 kg
Gewicht Mk II (ungeladen):	3,82 kg
Gewicht Mk II (geladen):	4,54 kg
Magazinkapazität:	28 Patronen
Feuerarten:	Einzelfeuer, Dauerfeuer
Feuerrate:	500 Schuss/min
Visier Mk I:	Lochkimme 100 Yards
Visier Mk II:	Klappkimme 100 und 200 Yards

Gehäuse. Trotz ihrer Verwendung in der Armee wurde die Austen nie als offizielle Dienstwaffe eingeführt. Gegen Kriegsende lief noch die Fertigung der Austen Mk II an. Zur Ausnutzung aller noch verfügbaren Fertigungskapazitäten entstand eine völlig überarbeitete Ausführung unter Verwendung eines Gehäuses aus Aluminium-Spritzguss. Die Waffe bewährte sich nicht. Zumal die Feuerrate auf 110 Schuss/min reduziert werden musste, damit das Gehäuse nicht zerbrach.
Und so erreichte die Austen auch nie die Beliebt-

Technische Daten Owen:	
Hersteller:	Lysaght's Works Pty Ltd.
Produktionszeit:	1942 bis 1945
Kaliber:	9 x 19 mm
Länge:	813 mm
Lauflänge:	247 mm
Gewicht (ungeladen):	4,21 kg
Gewicht (geladen):	4,86 kg
Magazinkapazität:	33 Patronen
Feuerarten:	Einzelfeuer, Dauerfeuer
Feuerrate:	700 Schuss/min
Visier:	Lochkimme 100 Yards

Die kompakte und robuste Austen leistete den Fallschirmjägern gute Dienste.

Markierungen auf dem Magazinschacht einer Austen Mk I., hergestellt bei der W.T. Carmichael Ltd. in Sydney.

Die Teleskop-Schließfeder der Austen ist von der MP 40 kopiert, der Lauf mit Haltemutter von der Sten.

Evelyn Owen (15.05.1915 – 01.04.1949) wurde nur 33 Jahre alt.

heit einer anderen Maschinenpistole: nämlich der Owen – oder »Digger´s Darling«, wie sie von den Australiern genannt wurde. Rund 45.000 Exemplare liefen bei Lysaght in Newcastle vom Band, und sogar die amerikanischen und neuseeländischen Soldaten ließen ihre Thompsons liegen, wenn sie eine Owen bekommen konnten. Dabei war der Start alles andere als einfach. Evelyn E. Owen, ein Farmersohn aus Wollongong und ohne technische Ausbildung, frönte seiner Leidenschaft für Waffen und bastelte sich 1938 eine automatische Waffe im Kaliber .22 (5,6 mm). Da war er gerade 24 Jahre alt. Erst zeigte die Armee kein Interesse, doch Owen konnte den Direktor der Lysaght-

Die Owen lässt sich zum Reinigen in wenige Teile zerlegen.

Skuriles Erscheinungsbild: Die australische Owen mit Patronenzuführung von oben und seitlich versetztem Visier.

Werke in Newcastle für sein Arbeit begeistern, und so kam der Stein ins Rollen. Eine überarbeitete Version stach bei einem Vergleichsschießen die Thompson und die Sten aus. Sie war völlig unempfindlich gegen Verschmutzung aller Art. Durch den kurzen Spanngriffschlitz gelangt kaum Schmutz ins Gehäuse. Beim Schlammtest gab es keine Störungen, und nur eine einzige Patrone verklemmte sich beim Staubtest. Auch beim Wassertest konnten 200 Schuss (40 davon im Dauerfeuer) ohne Beanstandungen verschossen werden. Lysaght übernahm die Fertigung, und von März 1942 bis September 1945 liefen über 45.000 MPs vom Band. Obwohl als einfacher Rückstoßlader konzipiert, hebt sich die Owen gegenüber anderen zeitgenössischen MPs durch ihr ungewöhnliches Aussehen ab. Das Stangenmagazin steckt von oben im Gehäuse, was den Anschlag im Liegen erleichtert. Kimme und Korn sind deswegen seitlich versetzt. Ein Vordergriff sorgt für mehr Stabilität beim Schießen. Einfach war auch die Instandhaltung: der Auswerfer ist nicht in der Waffe eingebaut, sondern im Magazin integriert. Und der Lauf ist nur über einen Druckbolzen im Gehäuse befestigt. Die Owen wurde erst Anfang der 60er Jahre aus dem aktiven Dienst gestrichen.

Einer der letzten Arbeitsschritte: Das Justieren des Visiers.

Übungsschießen mit Owen-Maschinenpistolen.

WEITERE INTERESSANTE BÜCHER ZUM THEMA

Alexander Losert beschreibt in seinem Buch alle wichtigen Maschinengewehre aus deutscher Fertigung, die bis zum Ende des Zweiten Weltkrieges entwickelt und verwendet wurden, darunter auch die selbstentwickelte, wassergekühlte MG 08 bzw. 08/15.
144 Seiten, 150 Abbildungen,
Format 215 x 280 mm
ISBN 978-3-613-04122-6
€ 19,95 / € (A) 20,60

Wenngleich zu Beginn des 20. Jahrhunderts der Motorradbau seinen ersten Boom erlebte, begann sich das Motorrad nur langsam während des Ersten Weltkrieges in der Truppe zu etablieren. Frank Rönicke dokumentiert in diesem Band die Entwicklung der deutschen Militärmotorräder seit 1905.
144 Seiten, 150 Abbildungen,
Format 230 x 265 mm
ISBN 978-3-613-04123-3
€ 24,90 / € (A) 25,60

Wolfgang Fleischer schildert in diesem Band die Entwicklung, den praktischen Einsatz und die Technik von Handgranaten, Granatgewehren, Panzernahbekämpfungsmitteln, Brand-, Spreng- und Zündmitteln sowie von Waffen zur Tieffliegerabwehr.
320 Seiten, 444 Abbildungen, Format 170 x 240 mm
ISBN 978-3-613-04057-1
€ 39,90 / € (A) 41,10

Dieser überarbeitete und erweiterte Klassiker zeigt dem Langwaffenschützen - egal ob Sportschütze, Jäger oder behördlicher Waffenträger - welche Faktoren die Treffgenauigkeit einer Waffe beeinflussen. Die angewandten Prinzipien können sowohl bei Präzisionsgewehren als auch bei Serienwaffen herangezogen werden.
224 Seiten, 150 Abbildungen,
Format 170 x 240 mm
ISBN 978-3-613-04124-0
€ 34,90 / € (A) 35,90

Stand Februar 2019
Änderungen in Preis und Lieferfähigkeit vorbehalten.

Überall, wo es Bücher gibt, oder unter
WWW.MOTORBUCH-VERSAND.DE
Service-Hotline: 0711 / 78 99 21 51